反事实

可能与不可能的科学

The Science of Can and Can't

[英] 奇亚拉 · 马尔莱托 / 著
(Chiara Marletto)
王乔琦 / 译

中信出版集团 | 北京

图书在版编目（CIP）数据

反事实：可能与不可能的科学 /（英）奇亚拉·马尔莱托著；王乔琦译. —北京：中信出版社，2022.10

书名原文：The Science of Can and Can't

ISBN 978-7-5217-4672-3

I. ①反… II. ①奇… ②王… III. ①科学方法论－普及读物 IV. ①G304–49

中国版本图书馆CIP数据核字（2022）第153294号

反事实：可能与不可能的科学
著者：［英］奇亚拉·马尔莱托
译者：王乔琦
出版发行：中信出版集团股份有限公司
（北京市朝阳区惠新东街甲4号富盛大厦2座 邮编 100029）
承印者：宝蕾元仁浩（天津）印刷有限公司

开本：880mm×1230mm 1/32 印张：8 字数：168千字
版次：2022年10月第1版 印次：2022年10月第1次印刷
京权图字：01–2021–3299 书号：ISBN 978-7-5217-4672-3
定价：68.00元

献 给 皮 耶 拉 和 朱 塞 佩

目录

序言

解释这个世界的角度多种多样，其中有一种就是从反事实的角度出发，解释哪些物理事件可能发生，哪些不可能发生，而本书就展现了严肃对待这种解释会产生多大的力量。这本具有革命意义的作品叙述严谨、理性，同时也具有极高的人文价值。

从传统概念上说，物理学以及更一般意义上的科学，仅仅是基于已经发生的事件，讨论这个宇宙中一定（或者很可能）会发生的事，对因果关系、自由意志、人为选择等无形之物则秉持漠视态度，认为这些只是心理工具，乃至神秘学内容。传统科学概念甚至会认为，温度、信息、计算等基本实验室概念无法与对自然的精准描述相容，只是因为贴合人类感官体验而使用起来比较方便。本书主旨则与此大相径庭。

上面提到的传统科学观念并不正确。它们武断地限制了我们认识世界的能力，之所以长期成为主流，完全是因为先入为主和习惯成自然。好在，如今的人们无论是在日常生活还是理论科学中，都普遍蔑视了这样的观念——尽管常常带着愧疚。某事件不与传统概念相容，并不意味着它与精确的科学描述也不相容。只不过，在这类情形中，精确的科学描述需要脱离传统概念，也就是需要引入反事实。一件事物只有在允许对立状态存在的情况下，才能储存信息。如果计算机内存中的所有变化在工厂内生产时就早已被设定好，那么它一定毫无用处，因为用户无法用它来储存任何信息。把这里的“工厂”换成宇宙大爆炸，结论也仍然成立。

在这本书中，你将会看到，摆脱传统概念，将反事实引入基础物理学，并赋予其与事实陈述同等重要的地位，为什么具有这么大的魔力。反事实是如何令科学之光照亮许多此前黑暗的地方的？它是如何让我们更深刻地认识科学本身和我们自身，又是如何催生意义更深远的科学发现的？如此种种，都是你将在本书中读到的内容。

不过，反事实的意义还不止于此。反事实不仅能提供新解释，而且它本身也是新的解释模式的基础。19世纪和20世纪初，人们不仅发现了大量新的科学解释，而且还发明了许多新的解释和认知模式，例如自然选择主导下的进化论、力场、时空弯曲、量子叠加，以及计算的普适性。而在最近的几十年里，没有任何全新的认知模式出现。虽然我们的确发现了新的基本粒子——比如希格斯粒子的发现就无疑是实验和理论解释的双重胜利，但物理学家并没有发现任何解释物理现象的新模式。要知道，就在20世纪上半叶，我们推翻了此前广为接受的粒子概念，转而使用了更深刻、更具说服力的新概念。

虽然物理学大师的数量远不如从前，但在过去几十年里，物理学界仍旧取得了无可比拟的成就。无论按照什么标准衡量，科学发现的整体速率无疑都大大提升了。然而，另一方面，有关自然本质的发现却少得多了。尤其是在基础物理学领域，探索变革性想法的尝试越来越少——至于全新的认知模式，就更是无人敢尝试探索了。

这种现象出现的原因多种多样，而且多多少少有些偶然因素。然而，它带来的总体效应是，科学界形成了一种谨慎且厌恶风险的文化。科学家普遍偏爱渐进式创新，而非根本性创新，普遍从事突破性没那么大，但可以预见结果的研究。而对于深入自然本质的进步，从业人员普遍秉持悲观主义和宿命论。

有一种观点认为，物理学已经摘取了所有“低垂的果实”，接下来要做的不过是麻木且机械式地收获剩下的部分。另一种观点认为，人类目前的智力发展水平，还无法理解比现有最前沿理论（比如量子力学和广义相对论）更基础的东西。对于这两种观点，我都无法赞同。相反，现实情况是，在人类对自然最为深刻的认识中，从来不曾出现比如今更多的显而易见的矛盾、偏差以及悬而未决的问题。当然，随之而来的还有探索这些问题的更加激荡人心的光明前景。要想达成这幅愿景，有时就需要我们使用一些完全不同的解释模式。

《反事实》一书基于作者奇亚拉·马尔莱托与我共同提出的科学及哲学观念，通过大家都能懂的语言，介绍了一种全新的反事实解释模式。这种模式为解决物理学内外的多个知名难题提供了新工具和新方法。在本书中，奇亚拉·马尔莱托用一种举重若轻的方式，宣扬了一种新兴理论。这个理论包含了一套与时俱进的新自然法则的主体——相关原理不仅会影响到下一代热机和纳米机器人的生产制造，而且还会深刻影响人工智能。这部作品以极大的热情和准确的语言探讨了上述这些议题，文章主体以非虚构角度阐释问题，但其间还穿插着一些短小精悍的虚构小故事——这种形式很容易让读者联想起侯世达（Douglas Hofstadter）的《哥德尔、埃舍尔、巴赫》——从而更好地阐述主旨，同时也为读者留下了足够的自我思考空间。

在奇亚拉对反事实的介绍中，你会发现，她以一种完全不同的方式阐述了如信息和知识定律这样的新概念，以及像功和热这样的老术语。《反事实》一书完全可能丰富你对世界的认识，以及对认识本身的认识。

戴维·多伊奇（David Deutsch）

如何阅读本书

小时候，我读过很多书，印象最深刻的就是书里面的插图：在某一版令人难忘的《木偶奇遇记》中，有一张画着巨鲸的彩图；《金银岛》中，一幅弗林特船长在漆黑窄巷中行走的黑白画；还有昆汀 · 布雷克（Quentin Blake）为《玛蒂尔达》绘制的精美插画；古斯塔夫 · 多雷（Gustave Doré）为《但丁地狱》创作的可怕野兽；等等。于是，我在写作这本书的过程中很自然地想到，应该在每一章中增添一些能够起到插画作用的元素。这些元素应该像魔术戏法一样轻松愉快，但同时也能充分体现该章的核心内容，并且让读者更容易记住——具体方法显然就是把它们变成一个又一个故事。它们的作用，就是在你读完每一章的硬核科学知识之后，为你提供一处休憩之所。即便没有这些故事，也不妨碍你理解本书的科学内容。因此，你如果很赶时间，那完全可以跳过故事环节，以后有兴趣再阅读。希望它们能为你的科学探索之旅增添一些别样的乐趣。

引言

如果你能像红鸢捕猎时那样翱翔天际，俯瞰着这世上所有已知和未知的事物，你会发现一个非常奇怪的现象：有很大一类事物，是科学迄今几乎完全没有涉及的。无论是从日常生活层面上说，还是从最基础的物理学现象角度来说，这些事物都是我们认识物理现实的关键——然而，传统观点认为，我们无法将它们纳入基本科学解释中。这类概念与真实存在的状态（也即“事实”）无关，它们描述的是哪些事件可能发生，哪些不可能发生。为了让这类概念区别于“事实”（the factual），我们称它们为“反事实”（counterfactuals）。

假如人类宇航员未来执行任务时造访了一颗位于其他恒星系的遥远行星，并留下了一个不锈钢箱子，箱子里装着威廉·布莱克诗集的批注本。这本诗集后来就始终待在那个星球的某个地方，这就是它的事实属性。书中的文字可以被阅读，这是它的反事实属性——无论是否真的有人阅读了诗集中的文字，都无法改变诗集可以被阅读这个属性。即便这个箱子一直没被发现，书中的文字也仍旧可以阅读——并且大有意义。举个例子，它至少表明有一个智慧文明造访了那颗星球，也表明了这个文明的复杂程度。

为了进一步阐述反事实属性的重要性以及它与事实属性的区别，再举一个计算机方面的例子。假如某台计算机在内置程序的驱使下在显示器上输出了一串“0”，那么它现在的这个状态（屏幕上显示了一串“0”）就是这台计算机的事实属性。另一方面，我们可以给这台计算机重新编程，让它输出其他东西，这就是这台计算机的反事实属性。当然，或许永远都不会有人给这台计算机重新编程，但这种可能性的确存在，如果不存在，那么它就显然不能算是计算机了。

反事实的内涵是物理系统可能或不可能出现哪些变化，这个概念虽然到目前为止在很大程度上处于被忽视的状态，但它对物理学乃至所有科学都非常重要。它的重要之处在于，它体现了约束宇宙中所有物理系统的物理学法则的本质特征。举一个例子，物理学法则告诉我们，不可能造出永动机，这就是一种反事实属性。永动机不仅是一种一旦动起来就不会停的物件，它的运动还必须是有用的。如果这种机械存在，那么它就可以凭空产生能量。这样一来，借助永动机，你的小汽车就可以在不使用任何燃料的情况下不停地飞驰。然而，没有任何物理过程可以在不消耗能量的前提下将某个不携带能量的事物转变成携带能量的事物。至少在这个宇宙中做不到，因为一条被物理学家称为“能量守恒原理”的基本物理学法则禁止这种情况的出现。

物理系统的另一种重要反事实属性也是热力学的核心内容，那就是：蒸汽机有可能存在。蒸汽机这种设备可以将一种形式的能量转变成另一种，因而可以在不违反能量守恒原理的前提下执行诸多有用的任务，比如驱动活塞运动。人类确实造出了蒸汽机，这已经成了宇宙中的事实属性。不过，蒸汽机可能被造出，就是一种反事实属性，它在第一台蒸汽机出现之前就已经存在了。

总结一下，物理学中的反事实属性可以分为两类：一类阐述的是不可行（比如不可能造出永动机）；另一类阐述的是可行（比如可以造出蒸汽机）。这两类反事实属性都是物理学法则的根本特征。此外，它们对我们的奋斗方向也有重要影响：无论我们多么努力，也无论我们构思得多么精巧，都无法实现物理学法则禁止的能量转换——比如，建造永动机。另一方面，只要我们努力思考，就完全可以更多、更好地实现物理学法则允许的能量转换——比如，建造蒸汽机——而且还可以不断提升效率。

然而，如今科学界的主流观点却视物理系统的反事实属性为“二等公民”，甚至完全摒弃了它，这是很不公平的。为什么会出现这种情况？原因在于一个深刻的误解，而且颇为讽刺的是，这个误解恰恰肇始于我从事的理论物理学研究领域。我们错误地认为，只要理解了物理世界中切实存在的全部事物以及发生在这些事物上的现象——也即所有事实属性——就解释了所有可以解释的东西。听上去是不是完全没有问题？并不尽然。我们很容易陷入上述思维定式，却没有意识到我们所谓的“理论”使用了大量毫无根据的假设。举个例子，单单是能够解释某台计算机在某一时刻执行的计算任务，绝对不能算解释清楚了计算机这个东西是什么——要想做到这点，必须能够解释所有计算机在所有可能的编程方式之下可能执行的所有计算产生的可能结果。再举一个与科学关系不大的例子：为什么所有大型船只都要配备救生艇？如果只是从事实属性的角度出发，那么只有等到海难真正发生的时候，才能解释这一现象。但实际上，我们都知道，救生艇的存在恰恰是为了应对可能发生的海难（反事实属性）——哪怕这艘船在服役期间从来都没有沉没过！

虽然如今的主流科学观点并没有把反事实属性视为物理学的基本特征，但科学还是持续快速地取得了进步。例如，我们建立了极为有效的基础物理学新理论（比如量子理论和爱因斯坦的广义相对论）；我们在生物学领域也有了全新的基础理论，比如遗传学理论和分子生物学理论；我们在神经科学领域也是如此。不过，在某些领域，情况就大不一样了。“科学领域中的所有基本解释都必须从已经发生的事件出发，基本（甚至完全）不考虑反事实属性”这种理论假设现在已经开始逐渐妨碍科学的进步，因为有很多目前科学只能含糊解释甚至根本无法解释的事物，本质上都涉及反事实属性。在涉及热、功和信息的精确统一理论（无论是经典理论还是量子理论）中，反事实属性处于核心位置；在解释诸如生物外观之类的现象时，反事实属性也极为重要。此外，反事实属性还在对知识的科学解释中起到了关键作用。我在本书正文中将会阐述，上面提到的部分内容，比如信息、热和功，已经有了一些物理学解释，但仍不完备。现有理论只能说是一种近似，与更为基本的物理学理论（比如量子理论和广义相对论）无法相提并论。还有一些内容，比如知识的创造，甚至连一个自洽的解释都没有。然而，科学的目标是在各个领域都不断取得进展——从基础物理学到生物学、计算机科学，甚至人工智能，无不如是，因此，我们必须理解所有对象和现象背后的准确原理，容不得一点儿近似。而反事实属性就在其中扮演了不可或缺的角色。

本书探索了反事实属性的方方面面，内容超越了传统物理学概念目前设定的边界。阅读本书就像是踏上了一段前往禁忌之地的探索之旅——有点儿像是达尔文登上了贝格尔号科考船。在这片陌生之地上，你会遇到各种生物，你要做的就是记下他们到底是什么，习性又如何。这样一来，等到读完这本书的时候，你就了解了如何处理反事实属性，明白了这种属性对解决那些悬而未决的重大问题有多么关键的作用。更为重要的是，你会意识到，科学界当下存在一道壁垒，阻碍了我们更深刻地认识反事实属性。你会意识到，在物理学以及其他科学目前无法取得实质进展的领域的核心，往往都存在至少一种被大家忽视的反事实属性。你会意识到，要想将反事实属性整合到物理学以及其他科学领域中，就必须跨过那道无形壁垒。

为了具体说明如何跨过壁垒，我会在书中举几个例子，它们都是物理学中悬而未决的重要问题，但都可以通过反事实得到妥善的解决。首先是最为基础的现象——经典信息和量子信息，然后过渡到关于生活和知识的理论，最后则是热力学方面的问题。这些现象有一个共同特征：以事实属性为基础的物理学现在最多只能算是近似描述了它们背后的原理，而以反事实属性为基础的理论不仅能统一解释上述所有现象，还能揭示出它们之间出人意料的联系。

此外，我还会介绍如何构建以反事实属性为基础的新科学理论，从而勾勒出一幅阐释宇宙基本运作机制的全新图景，也即我所说的“可能与不可能的科学”。这种以反事实属性为基础的科学方法可以极大地改变我们目前的世界观，并使其变得更锐利、更强大。这将是具有突破意义的一步，为揭开困扰人类数个世纪之久的谜团奠定基础。

第 1 章

构成梦的材料

在本章中，我会介绍怎么从更宽广的角度看待物理学定律，其中包括**反事实**（关于什么转变可能出现或不可能出现的命题）角度；另外，你还会在本章中熟悉**知识**这个概念——从反事实的角度客观定义，知识就是能始终独立存在的信息。

世间万物，大多数都难以永存。磐石会被岁月无情地磨去棱角，书页会磨损、泛黄，而活物——从细菌，到大象，再到人类——也会衰老、死亡。不过，倒是有值得注意的例外，比如构成物质的基本组件——电子、夸克，还有其他基本粒子。它们构成的系统会发生变化，但这些基本组件本身总是保持不变。

事物能否永恒不变完全取决于物理学定律。物理学定律给宇宙万物都戴上了牢不可破的枷锁：无论是迄今为止已经发生过的事件，还是未来将要发生的事件，统统都受到它们的严格约束。物理学定律决定了行星的轨道形态与运动方式，掌管了整个宇宙的膨胀过程，确定了我们大脑以及计算机中的电流流向。它们还掌控着细菌、病毒的内部工作机制，掌控着天空中的云朵、海洋中的浪涛、地球炽热核心里流动着的熔岩。物理学定律统辖的疆域甚至超越了宇宙中真实发生的事，它们还决定了什么可能发生，什么不可能发生。只要是物理学定律禁止的事物，就一定不可能出现或发生，任何人再怎么努力想实现都是徒劳。举例来说，我们永远都造不出能让粒子以超光速运动的机器。前面提过，我们也永远造不出能凭空产生能量的永动机——因为物理学定律告诉我们，宇宙中的总能量守恒。

难以永存是事物的本质倾向，这背后的主要原因就是物理学定律：物理学定律尤其不擅长保存基本组件之外的事物。它们可以保存构成物质的原始组件，但保存原始组件的特定集合体并不是它们的目的。电子和质子互相吸引，这是一种基本相互作用——这个简洁明了的事实构成了我们人体复杂化学系统的基础，但物理学定律中根本找不到这种复杂性的踪迹。物理学定律——就比如我们这个宇宙必须遵循的那些——并不是为了保存除基本组件之外的任何东西而特别设计、定制的。因此，我称它们为“无设计定律”。在无设计定律约束的世界中，如岩石这样的复杂原子集合体，通常都会因它们自身与周遭环境间的相互作用而改变。环境会持续不断地让这些复杂集合体的结构产生微小的变化。

从结构保持的角度上看，大部分这样的相互作用都会以小故障的形式引入错误，于是，所有复杂结构都会在时间长河中被慢慢侵蚀。除非有什么因素干预、阻止并修正了那些错误，否则复杂结构最终都会消散或者崩溃。系统越是复杂，与基本组件之间的差异越大，纠错的难度就越大，系统的“生命”周期就越短。想想古代用手抄方式保存文献的做法吧：文献越长、越复杂，手抄过程中犯错的概率就越高，抄写员纠错的难度就越大——举个例子，他们可能每写下一个字，就要核对两次。

既然物理学定律是“无设计”的，系统维持自身存在（从另一个角度上说就是改变环境）的能力就是宇宙中的一项值得大书特书的罕见品质。鉴于这种品质的重要意义，我给它起了个名字：恢复力（resilience）。

恢复力很难获取，这是大自然的一大残忍现实。古往今来，许多文人骚客都为之扼腕叹息。莎翁作品《暴风雨》中普洛斯彼罗的独白就是一个著名的例子：

> 我们的狂欢已经结束了。我们的这些演员们，
> 我曾经告诉过你，原是一群精灵，
> 都已化成淡烟而消散了。

如同这段幻景的虚妄的构成一样，

入云的楼阁，瑰伟的宫殿，庄严的厅堂，

甚至地球自身，

以及地球上所有的一切，都将同样消散，

就像这一场幻景，连一点烟云的影子都不曾留下。

我们都是梦中的人物，

我们的一生是在酣睡之中。[①]

诗行的形式和韵律着实令人入迷，所以我们初读之时往往会忽视其中的一些重要信息。诗中呈现的只是现实的一方面，它忽略了一些基本事实。如果把这些事实也考虑进来，我们就会发现普洛斯彼罗的悲观情绪和结论实际上是错位的。不过，这些被普洛斯彼罗忽略的事实并非显而易见。为了找到它们，我们就不能只考虑宇宙中自发产生的现象（比如非永恒性、偶尔出现的恢复现象、行星以及城市里高耸入云的高塔）。我们还必须考虑哪些现象可能发生，哪些不可能发生，也即反事实属性。如我之前所说，反事实属性最终也还是由物理学法则决定的。

普洛斯彼罗这番话忽略的最重要元素是，即便是在无设计法则下，事物也可能获得恢复力。当然，由于物理学法则并非为此

① 引自《暴风雨》，朱生豪译，译林出版社，2018年。——译者注

“设计”的，没有人可以保证一定能获取恢复力，但这确实有可能做到，因为物理学法则并没有禁止任何事物获取恢复力。只消稍稍深入地思考莎士比亚时代可能出现的事物就能清楚地明白这一点。不可否认，确实有一些客观实体拥有某种程度的恢复力。更为重要的是，有些实体的恢复力要更强一些，有些甚至是强很多。而且，同谚语和传统观点相左，这些具有恢复力的实体并非岩石之类的死物，而是拥有生命力的活物。

一般来说，活物的恢复力总是要比像岩石这样的死物强得多。受伤了的动物常常能够自我修复，而岩石显然不行。另一方面，虽然动物个体的命运最终都是死亡，但物种的延续时间往往能超过岩石。

举个细菌的例子：它们已经在地球上生活了30多亿年了，而且几乎没什么变化（但仍在不断进化！）。说得更准确些，在这30多亿年中几乎没什么变化的，实际上是存在于所有细菌细胞中的某些特定指令序列，它们编码了以一些基本成分为基础生产细菌的全部过程，也就是说，这实际上是一张配方。这个配方藏在DNA（脱氧核糖核酸）分子中，而DNA是所有细胞的核心部分，由4种不同化学物质串在一起构成。这种化学物质串的工作原理和由4个字母排列组合而成的单词构成的语句序列没什么两样：每个单词大致就对应了DNA配方中的一种指令。而这些基本指令的集合就是生物学家所说的“基因”。

在历史长河中几乎保持不变的正是细菌的DNA的这种结构，或者说模式。相较之下，同样是在这30多亿年中，地球岩石的分布和结构已经发生了深刻变化。地壳之下的板块运动已经一次又一次地改变了各大陆的面貌。假如有些外星人在地球史前时代登陆，并且从某些生命体（比如蓝藻）中提取了DNA，同时还在太空中拍摄了地球的照片。现在，如果他们再次造访地球并且重复上述操作，结果会怎么样呢？在现在拍摄的地球照片中，所有东西都发生了变化。海洋和大陆的分布已经和史前时代迥然不同。不过，从生命体中提取的DNA结构应该几乎毫无变化。因此，这个宇宙中的某些事物——比如编码在DNA中的这张“配方”——的确可能拥有相当高的恢复力。

普洛斯彼罗独白中忽略的另一个因素是，拥有生命力的实体可以影响环境、改造环境，并且保有反复这么做的能力（这点尤为重要），因而它们留下的绝不会只是过眼“烟云”。如今，地球上仍旧存在10亿年前细菌活动的痕迹（比如化石燃料中的碳）。植物通过光合作用将太阳光转化为化学能，并且在这个过程中释放出氧气，从而极大程度地改变了地球大气的组成。而我们人类当然也有能力在各种条件下改变环境。与普洛斯彼罗的观点相反，宫殿、庙堂和入云的楼阁都能拥有恢复力——因为它们是文明的产物。如果它们出现了问题，我们完全可以按照最初建造它们时的图纸（这其实又是一种“配方”）重建它们，从而保证这些建筑的存在时间能够远超构成它们的基本材料。从原理上说，只要有这样的“配方”，再加上一台功能足够强大的3D打印机，就足以从头开始重建任何已被完全毁坏的古代宫殿。

人类寿命或许还不够长，但技术的发展已经大大延长了我们的寿命——比起我们的祖先来，我们真的已经很长寿了。人类文明正是通过改变自然环境一步步地发展并繁荣兴旺的。我们现在已经掌握了让房间变暖（或变冷）的技术，开发了疗效强大的药物，拥有了在地球上（乃至太空中）高效移动的交通方式以及节省体力、延长生命、丰富生活的各种工具。我们在艺术、文学、音乐、科学领域都取得了伟大成就。实际上，普洛斯彼罗的这番独白就是人类的文学遗产，这些词句从莎士比亚写下开始就一直存活到现在——同样存活下来的，还有人类智慧活动的其他无数奇妙成果。因此，我们举办的这场“狂欢”不仅没有消散，而且还绵延了几十个世纪，并且反过来支撑着我们继续前进。更重要的是，不少其他地球生命的生存时间比我们人类还要长得多，达到了数十亿年。

当然，在我们不断前进的同时，也涌现出了很多严重的问题，始终威胁着人类文明的恢复力。其中有一部分，比如全球变暖和快速传播的传染病，实际上就是我刚才介绍的那个过程的副产品。这些问题向我们提出了诸多棘手的挑战，应对稍有不当，就会轻而易举地抹除我们业已取得的部分成果。不过，在这里，我想表达的重点是：无论这些问题有多严重，我们都有可能采取措施，逐步解决。物理学法则并没有禁止我们沿着之前的发展道路获取更丰厚的果实。它们虽然没有保证我们一定会取得更大成就或是解决现在的这些问题，但也绝对没有禁止我们达到这些目标。只要能解决气候危机等问题，我们就完全可以获得恢复力和更丰硕的成果。以反事实属性为基础描述的物理学法则为我们提供了取得进步的机会。通过仔细审视哪些事件是宇宙中可能发生的，而非仅仅把目光局限于已经出现的现象，我们就能更全面地认识这个物质世界。因此，普洛斯彼罗的悲观结论无疑是片面的，具有严重的误导性。他的观点只是一场不真实的噩梦。

上述内容表明，特定DNA模式中蕴含的“配方”的恢复力要比岩石强得多。此外，构成人类文明的基本元素，比如医药、科学和文学，也同样可以拥有很高的恢复力。因此，在无设计法则的约束下，强恢复力似乎与特定“配方”之间存在必然联系。那么，到底是哪种“配方”？以及，这种“配方”到底由什么构成？

答案必须逐步构建，并且需要我们暂时把重点放到“配方”本身上来。首先，我们得探明在无设计物理学定律的框架下要如何构建“配方”。毕竟，我在前文中也已经提到，无设计物理学定律能够“无偿”保证不变的，只有某些基本粒子和化学物质。因此，我们必须从最基础的角度出发，认清这些最基本的物质组件是怎么在对复杂性一无所知的情况下产生高度复杂的“配方”的。

就从生命细胞DNA中蕴含的“配方”开始吧，毕竟，我们现在已经相对明确地知晓了它们诞生的过程。达尔文的进化论就为我们解释了，有生命的实体及其惊人的生态适应性特征（比如狗的鼻子、海豚的鳍、蜜蜂的翅膀）是怎么在无设计物理学定律的框架下诞生的——而且还没有“造物主”的参与。现在，所有动物的生态适应能力都被编码到了它们生命细胞DNA中蕴含的那张“配方”里。而达尔文理论告诉我们的，就是这张“配方”是怎么在没有精巧设计的情况下编码这种复杂生态适应能力的。这将是我们究明“配方”成分的关键。

在钻研深刻理论时，我们常常需要深入挖掘这个理论的来龙去脉，要想精准掌握达尔文理论解决了何种问题也同样如此。早在达尔文提出进化论之前数十年，就有一位名叫威廉·佩利（William Paley）的神学家清晰地阐述了问题的关键所在。生命如此完美地适应周遭环境，简直就像是为了某个目的而特地被设计出来的一样——就像工厂里生产的汽车。生命就同汽车、手机、手表一样，外观上具有“设计的特征”。你在沙滩上漫步时如果突然看到地上有一块手表，那么你很可能会猜测，这块手表一定是由钟表匠这样的“设计者”组装起来的。然而，在地球诞生之初，根本没有任何可能创造出生命的设计师、工厂，也没有目的明确的设计流程，有的只是物质的基本组件，它们以沸腾冒泡的无定形化学物质浓汤的形式呈现。除此之外，别无其他。于是就有了前面提到的这个问题：生物，以及在生物DNA中编码了生态适应能力的恢复力“配方”，是怎么在没有设计者的情况下出现的？

佩利没有想明白的一点是，其实根本不需要任何刻意的设计过程。构成物质的基本组件（比如简单的化学物质）完全可以通过一种叫作“自然选择”的无目的过程创造出动植物的生态适应能力。而这正是达尔文的伟大发现。自然选择需要的只是时间和一些基本资源，比如简单的化学物质等。这是一种不定向机制，却可以在无设计的简洁物理学法则框架下从无到有地创造出具有复杂的特定功能的生物体。

按照如今人们对达尔文理论的认识，进化论中有两个关键概念。其一是复制因子，理查德·道金斯的著作《自私的基因》就非常清晰地阐明了复制因子在进化过程中扮演的关键角色。我们还是以细菌为例来阐释这个问题。构造细菌的配方中的每一条指令都扎根在细菌DNA某部分的特定模式中，这个部分就叫作“基因”。而基因有一种特殊属性：每当细菌细胞自我繁衍、创造出另一个个体时，基因的各种模式会先完成复制，接着，新细菌细胞的其余部分则在DNA配方的指挥下构建出来。既然这些基因拥有自我复制的能力，我们就称它们为“复制因子”。顺便一提，复制因子的复制过程是逐步完成的，是一个“逐字逐句”展开的过程，与古时候修道者手抄典籍的过程有点儿像。一旦复制过程开始，细菌内部还能以一套类似的工作流程来纠正错误。细菌DNA结构正是通过这整套流程在历史长河中生存了下来：多亏了一代代的复制和细胞自带的纠错机制，细菌的DNA结构得以代代相传，从而大大超越了细菌本身的生命周期。有意思的是，一代代细菌通过复制流传下来的，是为基因编码的特定模式，或者说基本指令：细菌每次复制时，物理形态都有可能发生改变，但它将自身的所有属性以这种特定模式的形式保存了下来。这个过程可以类比抄写员抄写典籍时的情况：记录文字的墨水和纸张可以不同，但只要没有抄写错误，文字本身应当与原来一模一样。也就是说，这类模式具有一种特别的反事实属性：从某个物理载体转移到另一个物理载体时，它们可以保留自身的所有特性，从而形成一种特殊的“信息”——关于信息，我会在第3章中给出更准确的解释（当然是以反事实属性为基础）。

因此，我们在周遭动物身上看到的那种拥有恢复力的配方一定是由某种信息构成的。要理解具体是何种信息，就必须考虑达尔文理论中的第二个关键概念了，即变异和选择。

我们还是以细菌为例。既然物理学法则是无设计的，那么，细菌一代又一代的复制过程就完全可能因为与环境发生相互作用而出现错误，这就导致复制基因出现了无目的的变化（也即“变异”）。如果这种错误发生的频率恰到好处——既不太频繁，又不太稀少——就可能在新形成的细菌细胞中产生编码某种不同特征的基因变体，也即产生了新配方。有的时候，这种改变让拥有这种基因变体的细菌个体可以更好地适应环境、变得更加成功，从而保证了这种基因变体及其编码的新配方可以延续下去，并挤占其他基因的生存空间。在这种环境下，不那么成功的基因变体会在与成功基因变体的竞争中败下阵来，最终走向消亡。这个现象就是“自然选择”。这种无目的过程的产物可以优雅如蝶翼，迅捷如黑豹。各种生物的出现并非由于什么设计者的存在，只是因为具有复制能力的分子在不断复制而已。

自然选择正是解释“为何现存配方中的信息值得特别关注”的关键所在。由于自然选择是无目的的，只有极少数变化有价值，能够产生可以自我延续下去的复制基因，大多数变化都是无价值的，最终结局只能是消亡。举个例子，对于在由深色树木组成的森林中生活的飞蛾来说，它们体内编码翅膀颜色的基因只有发生特定的某些变化才有积极意义，比如能让它们的翅膀颜色更接近树木颜色的变化，因为这样就能给它们提供保护色，让它们更容易逃脱捕食者的追捕。那么，区分有益变化和无益变化的又是什么呢？是一种特殊的信息。这种信息可以让自身在物理系统中具象化，是一种具有恢复力的信息。

我把这种具有恢复力的信息称为“知识”（我会在第5章中全面论述其含义）。对于适应环境的过程而言，这是一种关于周遭环境特征的知识，比如森林里的树都是深色的。从这个意义上讲，这种知识并不非得被某个人、某个动物知晓——飞蛾不需要知道自己的翅膀是深色的。这种知识仅代表了一种特定的信息，也就是我们前面说的可以让自身在物理系统中具象化并存续下去的那种信息。就飞蛾的这个例子来说，这种信息实现具象化的手段就是在DNA中编码环境的某些特征。而自然选择就是一种通过对生态适应性特征的无目的选择，在偶然间创造出知识的过程。这种过程没有方向性、没有目的性，但只要有足够长的时间和足够多的遗传资源，就能让事物变得看上去像是刻意设计出来的一样，虽然实际上根本不需要设计师。

我在前文中还提到了另一种配方，就是延续人类文明的那种配方，它们编码了如何构建宫殿、工厂、汽车、机器人等人类智慧的结晶。

这类配方中也含有信息。这些信息也同样可以代代相传、永生不灭，依托的物理介质包括人类大脑、纸张、书籍、文档、历史记录、科学论文、会议纪要、网络等。不过，这类知识的源头并非自然选择，而是人类的思考，并且其应用范围超越了直接源于自然选择的那类知识。

正是通过这类知识，人类才得以建设出不断进步、成长的文明——哪怕这个文明也经常犯一些大错。这类知识中包含了人类的思想果实，它们就是梦的料子。不过，这类知识并不像普洛斯彼罗认为的那样会如淡烟一般逐渐消散，相反，它们才是获取恢复力的关键。实际上，普洛斯彼罗的独白中蕴含的知识就一直流传到了今时今日。因此，知识才是这个宇宙中恢复力最强的事物。

既然知识在复杂对象的存续中扮演了如此重要的角色，那么就很有必要深入了解新知识是怎么从我们的脑海中诞生的。好在，哲学家卡尔·波普尔早在20世纪中叶就阐明了这个过程。他提出，知识的诞生总是始于问题——我们可以把这里的“问题”看作关于现实的不同观念之间的冲突。波普尔对知识的这种观点对意见冲突给出了相当积极、正面的诠释。矛盾就是问题，但幸运的是，问题可以带来新发现。举个例子，作家在写作时，头脑中会有这样的观点冲突：一方面，他非常想要运用一些优雅、华丽、抒情的辞藻（文学性）；另一方面，他又觉得有必要用扣人心弦的情节维持读者的注意力（故事性）。他必须想办法两者兼得，但在某些情况下，这两者就是无法共存。例如，一大段描述美景的华丽辞藻就完全满足前一个标准，但也同样可能导致读者扔下书本、打开电视，因为这种写景明显拖慢了故事情节的推进。要解决这样的问题，就必须开发一些新知识。

首先，这位作家得构思出几个他认为可行的备选方案——大致就相当于自然选择中复制因子的变异。他既可以把这些方案写下来，也可以只是放在脑海里，抑或是两者兼用。值得注意的是，这些备选方案或许到处都是错漏，甚至造成比原来还糟糕的结果。于是，作家就得转入第二阶段：批判。批判就是一个寻找错误、纠正错误的过程，目的是为了改进方案——相当于自然选择。有的时候，这个过程不自觉地就发生了，完全没有引起我们的注意，因而让我们觉得好想法都是凭空产生的一样，但实际上，批判过程确实发生了。一般来说，作家总是会抛弃无数个版本的草稿，直到最终产品能够兼具文学性和故事性。如果上述构想—批判的方案奏效，那么最后的作品就可能拥有杰作的标志性特征：已经很难在文学性和故事性兼备的硬性要求下，进一步修改它了，因为它就是在无数不那么符合标准的版本基础上反复修改而成的。因此，文学杰作都含有新知识：它应当为人类铭记，应当被翻译成各种语言，应当千秋万代代代相传，只要文明仍旧存在，它就能让各个年龄段的人都从中获益。正如莎士比亚在十四行诗第18首中所说：

> 只要人眼能看，人口能呼吸，
> 我诗必长存，使你万世流芳。[①]

① 引自《莎士比亚十四行诗》，辜正坤译，外语教学与研究出版社，2015年。——译者注

这种尝试修改的过程并不一定就能成功。由于物理学法则是无设计的，自然也没有任何人可以保证，通过构思和批判就一定能取得进步，但这么做确实可以带来进步。同样的道理，一种看似不错的针对某个问题的解决方案，可能会在后续阶段慢慢变得不再那么合适。举个物理学领域的例子：牛顿的引力理论在诞生之后的近三个世纪中大获成功，它解释了包括行星运动在内的诸多现象，但后来，物理学家就慢慢发现引力理论也存在缺陷，而爱因斯坦的广义相对论是更好的理论。绝对的真理并不存在：再好的解决方案都可能包含某些差错。这个原理的基础其实是易谬主义，它是波普尔解释理性思考的一大支柱。易谬主义告诉我们，即便我们目前对找到的某些问题的解决方案很是满意，未来也仍旧有可能对其进行批判，从而使进步成为可能。这就给理论、故事、艺术和音乐的不断进步留下了空间。此外，易谬主义还告诉我们，差错才是最值得寻找的东西。我们只要还希望取得进步，就应该尽可能多、尽可能快地找到差错。

到目前为止，我已经解释了“配方”才是获得恢复力的关键，且“配方”由特殊类型的信息——知识——构成，而知识拥有一种使自身不断延续下去的能力。此外，我还解释了两种已知的知识生产过程：一是人类思想中的构思与批判，二是自然界中的变异和自然选择。

有一点需要强调一下：物理学定律允许但不保证知识的创

造。因此，知识的生产过程也可能会在某些时间段停滞。例如，自然选择有时就会停滞不前——这会导致像生命大灭绝这样的事件（地球在史前冰河时代就经历过数次生命大灭绝）。这主要是因为自然选择不像构思和批判那样可以跳跃式发展。一个配方要想产生高恢复力配方，它本身也必须具有高恢复力。也就是说，它必须编码某种成功的变异特征，因为只有这样，才能让携带这种配方的动物生存足够长的时间，从而通过繁衍进一步创造出具有更高恢复力的配方。然而，有些编码了成功变异特征的可靠高恢复力配方可能永远无法通过这种方式产生，因为产生这类配方的前提是存在一系列低恢复力配方，而这个前提是不可能实现的，因为携带低恢复力配方的动物肯定比较短命，因而无法把这些配方传给下一代。

另一方面，人类的思维过程却可以跳跃式发展。我们都非常清楚，好想法的前提条件并不一定全部是同样可靠的好想法。不过，饶是如此，人类思想中的知识创造过程也同样可能陷入停滞。无论是个人，还是整个社会，都应该警惕，不要进入这样的知识创造停滞阶段。教条主义强加的各种不可改变的限制尤其不利于知识的创造，因为这大大限制了我们构思和批判的能力。

在过去几个世纪里，知识创造的伟大事业一直在不断蓬勃发展，产生了艺术、音乐、文学领域的诸多杰作，也产生了无数强大、有效的科学理论。回望过去，我们欣慰地看到，人类文明自诞生以来，始终在不断进步。展望未来，至少有数个领域仍存在巨大的进步空间，尤其是在当前的背景下，人类正面对诸多紧急重大问题——比如与气候变化相关的议题，以及医学领域与宏观经济领域出现的诸多有待解决的难题。

不过，如果把镜头拉远，从更广阔的视角看待知识创造的世界，我们就会发现基础科学领域（特别是物理学领域）的景色大为不同。物理学内部出现了一条边界，这条边界影响并限制了构思和批判的途径，它从一开始就把特定类型的解释排除在允许范畴之外，这类解释便是涉及反事实属性的解释。这条边界产生的原因在于一种已经悄无声息地存在了一段时间却几乎没人注意到的现象——就像是船只的吃水线以下有一个不起眼的小洞，导致不停地有水渗入船内。至于这个现象究竟是什么，我们必须从它的源头说起，也就是从物理学的开端说起。

说起来也是有些讽刺，这种限制了物理学发展的现象竟然源自物理学本身。要知道，物理学就是“思考孕育知识，促进人类社会快速进步”的最好例子之一。基于中小学里教授的物理学课程，物理学乍看之下似乎只是一些解决各种不相关问题的工具。这些问题就是你在学校每周物理学测验中经常遇到的那些：从特定高度的树上落下的苹果在空中的下落时间是多少，以特定流速流动的水注满特定体积的浴缸需要多长时间，等等。相较于其他学科，比如文学和哲学，物理学似乎和深刻的事物毫无关系。毕竟，有谁会关心苹果是怎么从树上掉下来的？把目光集中在这样的现象上，是不是太过狭隘了？

然而，这样的第一印象与事实相差甚远。物理学是一场令人眼花缭乱的烟火表演。它深刻、美丽、富有启发性，也是无穷乐趣的源泉所在。我们在不断填补过去认知空白的过程中认识现实，而物理学解决的正是我们在这个过程中遇到的各种问题。物理学的意义可不只是解决苹果下落过程的具体计算问题。最重要的，是这个现象背后的诠释，它主宰了一切运动——苹果从树上落下的运动，本质上和太阳系内的行星运动，以及宇宙中其他天体的运动，都是一样的。物理学解决的问题看似令人眼花缭乱，背后却包含着解释。它向我们揭示了此前未知并且与直觉大相径庭的原理，令我们大吃一惊。前文中也提到，问题总是与世界观之间的矛盾或冲突相关。例如，过去，人们认为地球是宇宙的中心，但这个观点与各类观测事实（如恒星和行星、月亮的运动）产生了不可调和的矛盾。正是这种矛盾促使哥白尼和伽利略提出，太阳才是太阳系的中心，地球不是。哥白尼革命就是一场令人震惊的世界观的改变。正是因为有了这场思想上的革命，我们才得以在天文学和天体力学领域取得巨大进步，并一步步地建立了如今的空间探索事业。

在解决这类问题的过程中，物理学家逐渐发现了一个令人完全意想不到的世界，并且从更深的层次向我们讲述了有关事物本质的故事。这些层次是我们的感官无法直接触及的，但我们的思维可以借助各种解释将其具象化。

在如今的物理学中，所有解释都包含一些基本元素，物理学对物理现实的解释正是以这些元素为基础。黑暗的夜空就是这方面的一个完美例子。夜空为什么是黑暗的？要想解释这个客观事实，就要涉及很多连提问者都未曾想到的内容，比如光子的性质、宇宙在膨胀的事实，等等。单纯考虑夜空，实在是很难联想到这些元素，但它们的确就是夜空呈现出我们看到的这种样子的原因。从这个角度上说，物理学的解释就是基于大部分看不见的元素来阐述我们看得到的现象。

从原理上说，我们完全可以一层又一层地深入挖掘越来越基本的元素，这方面没有任何限制。毕竟，构成物理学解释的基本元素也总是能用其他物理实在进一步解释，因而可以不断深入下去。不过，深层次的解释有时候会与浅层次解释大相径庭。例如，有那么一段时间，物理学界认为粒子就是物理现实的终极元素——所谓粒子，就是一些能通过力隔空相互作用的微小离散物质团块。然而，后来，这种粒子观被场的概念推翻了。物理学中的场以一种连续（区别于离散）的方式渗透到万事万物中。如今，物理学家认为粒子是场的激发，或者说场的涟漪。然而，从原理上说，场也可以进一步分解成更深层面上的元素——这就会开辟一种更为基础的全新物理现实诠释。对我们来说，这似乎很难想象，但我们必须做好准备去想象比场更基础的物理实在，因为物理学迟早会出现更为基础、更为深入的解释。因此，科学知识的结构其实就是对现实的不同层级的诠释。其中的各个层级有时可以是独立的，也即无须参考其他层级的诠释，仅在本层级内部讨论也仍旧成立。举个例子，如果你现在想要描述某些简单的力学相互作用，比如两个刚性球体的碰撞，也仍旧可以从粒子的角度出发，无须考虑场那个层级的诠释。另外，没有哪个层级是详尽无遗的，要想全面认识物理现实，它们都不可或缺。

在物理学中，知识创造过程最常产出的是能够解决特定问题的知识，比如解释天空在夜里为什么是黑暗的、为什么太阳每天都是东升西落，等等。这种解决问题的过程时不时地会催生出全新的物理学理论，比如牛顿力学、广义相对论和量子理论。这些罕见的事件产生了重大影响，彻底改变了我们看待世界的方式，人们往往要花费数十年才能彻底吸收并消化这巨大的理论变化。此外，新物理理论的理论及实际内涵往往要在理论提出之后很长一段时间才能明确。举个例子，GPS（全球定位系统）借助一个围绕地球运动的卫星网络，为我们的手机、汽车等设备提供了有关位置和时间的准确信息。乍一看，这和爱因斯坦的广义相对论没有任何联系，然而，GPS实际上与广义相对论描述的现象直接相关。因此，只有在建立广义相对论之后，我们才能开发出

GPS，“能开发出GPS”是广义相对论带来的一种反事实属性。

这就是为什么新的物理理论要比特定问题的解决方法更加重要。真实的物理学法则约束着宇宙中的万事万物，而物理理论就是一种试图尽可能接近真实物理学法则的推测性解释。如果你要求物理学家写下我们目前了解的物理学法则，他们很可能会先写下一大串方程，比如$E = mc^2$。但接着，他们又会重新思考，会开始用语言解释方程中出现的各种符号，比如E代表能量，m代表质量，c代表光速，等等。他们还会向你解释能量、质量、速度、光到底是什么，这一切的一切就是那些方程表达的物理理论的核心内容。方程与解释，这两者有机结合，缺一不可：没有对应的解释，方程就变得空洞、无意义；没有方程，解释就变得太过模糊，无法应用。因此，物理理论不只是一个个像$E = mc^2$这样的方程，也不只是它提出的所有可检验预言。物理理论是一种推测性解释，包含了对E、m、c这样的符号以及它们之间联系的详细描述。这一点对无法直接测量的事物（比如“时空几何”）也同样适用，这类概念虽然不像光速那样可以直接测量，但对解释方程（方程也与理论预言直接相关）背后的含义也至关重要。

在实践中，物理理论要想成为可靠的解释，必须至少拥有某些能保证它们没有基本缺陷的特质。首先，物理理论必须是精确的。这里所说的“精确”，并不是指用数学语言精准描述，或是类似的事情，而是指物理理论的表述准确性不应该受到任何限制。简单来说就是，物理理论的表述不应该有任何含糊其词之处。举一个例子，假如有两份制作蛋糕的配方，一份要求你往碗里放100克*左右*的糖，另一份要求你放100克糖。前者就是一种近似描述，100克左右意味着99克或者101克可能都没问题；后者是精确描述，意味着多一克少一克都不行。近似描述会让人产生疑惑。例如，有人看到放100克左右的糖这种说法，就会发问：为什么是100克左右，不能就是精确的99克？和这种模糊配方一样，物理理论要是对物理现实解释得含糊不清，也会带来很多问题。牛顿力学就是一种精确描述的物理理论。借助这个理论，我们只要知道苹果何时、何地、以何种初始速度从树上掉下来，就能准确地预测它落到地上的位置和时间。此外，牛顿力学还是一种适用性最为广泛的理论，也就是说它具有*普适性*。所谓“普适理论”，就是指这种理论的应用范围没有任何局限。牛顿理论不仅适用于地球上的苹果，也同样适用于火星上的苹果，适用于宇宙其他任何地方的苹果和任何事物。另一方面，那些不具普适性、只能应用于某些尺度或某些领域的物理理论本身就多少有些问题，因为这种理论还必须解决这样一个问题：为什么它只能在这种尺度或这个领域内成立，对其他尺度或其他领域就不成立了？

因此，在我们认识物理现实的过程中，物理学正是通过解决一个又一个阶段性的小问题，最终找到精确的普适理论的。正如我将在第2章和第7章中介绍的那样，这类理论还必须是可检验的。只有这样，我们才能将它们与现实情况做比较，从而发现潜在的错误。

按照易谬主义的观点，必须指出，前面所说的“精确”完全不是“正确”的意思。人类构思的任何暂时似乎奏效的物理解释，都有可能在未来的任意时刻被证伪。我前面提到，牛顿引力理论后来被量子理论和广义相对论取代了，这就是绝好的例子。我们永远都无法知晓自己构建的物理理论是否完全正确，我们只能说，到目前为止，没有证据证明它错误。这听上去确实会让人有些不安，却也是关于知识创造方式的一个极有意思的方面。另外，正如我之前所说，它也是通过批判可能取得进步的核心所在。

说到这里，我们已经往那条排斥反事实属性的有害边界的方向前进了一步。不难想象，构建物理学解释有许多方法。但是，究竟有多少？不知道，可能有无限多。牛顿理论的解释模式有一个鲜明的特点：它仅限于解释宇宙中发生的现象，基础则是两个基本元素——其一就是物理学术语中的“运动定律”，即告诉我们系统如何在空间和时间中运动（物理学家称其为“动力学”）的那些规则；另一个就是这类运动的初始条件。举个例子，只要给定苹果的初始条件（苹果开始运动的特定位置以及初始速度），就能运用牛顿运动定律预测它之后发生的一切。系统在运动时经过的一个个点的集合就叫作“轨迹”。想象一下对墙打网球时的场景，在球离开球拍之后，我们可以画出一条表示球后续运动位置的假想线，这就是球的运动轨迹。只要有了初始条件，再借助运动定律，我们就能预测这条轨迹，无须切实观察击打网球的全过程。只要知晓球的初始位置和初始速度，我们就能借助运动定律计算出它的运动轨迹，从而准确预测它在后续每个时间点上所处的位置。

事实证明，这种基于已发生现象的解释模式非常成功且影响深远。借助这种模式，我们可以提出强有力的预测，接着用实验加以检验，从而为进一步的构思和批判打下坚实基础。尽管后来牛顿理论被证明不够完善——例如，它无法解释水星的进动现象——这种解释模式也依旧取得了巨大成功。牛顿理论孕育了量子理论和广义相对论，而它们正是人类目前解释物理现实的最佳理论。到目前为止，这两大精妙理论仍旧是由运动定律表述的，也就是说，如今我们使用的解释模式仍旧是牛顿当年构建牛顿定律时用的那一套。

虽然这种解释模式取得了巨大成功，但它已然产生了一些可能阻碍物理学进步的壁垒。物理学界形成了一种心照不宣的约定，我称其为基础物理学的传统构想。这种构想认为，所有基础物理学理论都必须以与宇宙中发生的现象有关的预言为基础，通过初始条件（或者更一般意义上的补充条件）和运动定律来构建。于是，物理学不再是一个完全开放的领域，它只能去寻找仅以宇宙中已发生现象为阐述基础、通过运动定律以及初始条件来构建的物理理论。于是，我们得到的有关物理现实的终极理论就会包含宇宙中所有基本粒子运动轨迹的集合（前提是它们运动的初始位置和时间已知）。当然，我们目前还没有发展出这样一种理论，但按照基础物理学的传统构想，这种理论就是对宇宙中一切重要之物的终极解释。

基础物理学的传统构想竖起了一道坚实的壁垒，将基于反事实属性的解释挡在了外面。然而，仔细研究这种构想就会发现，它存在严重缺陷。首先，依靠初始条件和运动定律不可能解释一切。举个例子，即便我们建立了一套描述宇宙初始条件的合理理论，它本身也无法从初始条件的角度加以解释。至少，这个理论从一开始就应该考量如果选择其他初始条件会出现何种情况——这样一来，它就是一种反事实解释了！实际上，如何解释初始条件的选择正是基础物理学中一个悬而未决的重要问题。另外，还有其他未解决的问题也同样涉及反事实属性，比如关于“物理学定律精细调节”的问题——保罗·戴维斯的作品《金发女郎之谜》（*The Goldilocks Enigma*）详尽地阐述了这个问题。如果仅从宇宙中已发生的现象出发，是无法解决精细调节问题的，必须同时考虑如果物理学定律发生了改变，宇宙会是什么样子，而这就必然涉及反事实属性。另外，根据一个仅以给定初始条件为基础构建的理论去解释我们如今在宇宙中看到的一切，这本身就非常武断。实际上，按照这种逻辑，只要知晓宇宙的最终状态，再反向运用运动定律，也即“倒推”，就能描述宇宙中已经发生的一切（自然也包括我们现在看到的一切），根本无须预言各种事件目前及后续的状态。

基础物理学的传统构想还有一个重大缺陷：它与我之前提到的理性思考支柱相冲突。所谓“理性思考”，就是通过构思和批判让物理理论拥有可以改变和可以提升的空间。物理学的根本目标是解决问题，因此，它追寻的是一切可以检验的精确的普适定律，至于构建这类定律的解释模式，物理学不应当做任何要求，只要合适即可。然而，传统构想却大大限制了物理理论的构建方式，从而也大大约束了我们思考的空间。总而言之，基础物理学的传统构想在物理学领域竖起了一道壁垒，严重阻碍了物理学进一步发展。在这种范式下，物理学只能研究那些完美符合传统构想基本条件（基于初始条件和运动定律就能描述）的事物，至于不满足基本条件的其他现象，就解释得不那么令人满意了。

不仅如此，基础物理学的传统构想还催生出了一种如今已经扩散到其他科学领域的方法论，也即“还原论”。还原论认为，在所有合理的解释模式层级中，只有一种是最基本的，其他一切都可以通过某种方式还原到这个最基本的层级上来。根据目前的情况，这种解释层级大概就是基本粒子或场以及它们的轨迹——前提当然是初始条件已知。然而，这种看待物理现实的角度未免太过狭隘。有很多问题是这种方法无法解答的，而且这些问题往往对我们全面认识各种物理现象起到了深刻且重要的作用。举个例子，“为什么（计算机内）某个晶体管在某次计算后处于‘开’的状态？”，这个问题至少有两种答案。其一，这可能是因为计算机设定的初始状态让电子处于让晶体管“开”的状态；其二，这可能是因为计算机执行了一次相关运算，比如找出15的因子，而这个晶体管处于“开”状态就是计算结果（3和5）的一部分。按照还原论的观点，后面那种解释就“不那么基本”，毕竟，在计算机运算中，“找到某个数的因子，无非就是计算机中的电流活动而已”。归根结底，还原论认为没有必要描述计算过程，哪怕部分还原论的支持者认为这的确是一种颇有助益的认识方式。然而，这当然是说不通的。要想全面认识计算机的运算，这两种解释都确有必要。它们代表了两种不同的自洽解释层级，且彼此无涉。无论忽视其中哪一种，都会错失有关物理现实的某些关键信息。还原论之所以会阻碍物理学及科学整体的进步，就是因为它要求所有解释都必须遵照某种预设的武断标准——例如，还原论要求所有解释都要从微观粒子及其运动轨迹的角度出发。[①]然而，在我举的这个关于计算机晶体管的例子中，

---

① 有的时候，拒绝接受还原论会被错误地认为是向非科学乃至超自然解释妥协。我得强调，这也绝非我提倡的科学观。我的立场是，那些不符合基础物理学传统构想、不符合还原论解释模式的科学模式也同样是认识物理现实的必需，不应因为它们违背了还原论的核心原则而将其排斥在科学理论范畴之外。

仅仅基于微观粒子及其初始状态（在这个例子中是指计算机中的电流）的解释完全不足以让我们全面地认识整个计算过程（找出某个数字的因子）。但还原论的支持者固执地认为，所有不符合他们预设的标准的解释模式都应该摒弃。无论这种解释涉及的是信息学、热力学，还是创造力、人类意识，乃至科学领域之外的事物，只要不符合他们的标准，还原论者就认为它们是“模糊不清”的。这就导致了大受限制的狭隘科学观。

事实情况是，的确存在无法用传统构想全面解释的物理现象。具体说来，有关这些现象的物理理论和解释在使用传统方法表达时只能无奈采用含糊不清的不精准形式。因此，如果固守传统构想，显然无法在科学层面上恰当地解释这些现象。

用传统构想无法恰当解释的一个重要例子就是某些热力学对象，比如与特定类型的能量转换相关的一些物理量——在物理学中，我们称其为“功”和“热”。描述功如何转化成热、热如何转化为功的物理学定律正是热机这样的机械的理论核心，而热机正是工业革命的基础。然而，物理学界常常只把热力学看作一种有用的近似，而非基础物理学理论。按照这个观点，功和热就没有进一步解释的价值了，因为根据这两个概念构建的精确理论不符合传统构想，即无法在给定初始条件和运动定律的前提下陈述相关现象。于是，传统构想索性放弃了对功、热以及相关对象的精确认识，转而宣称对目前这种仍有问题的近似理论表示满意。就像我在后文中介绍的那样，这类理论的确非常有效，但只在特定场景下如此，比如在设计汽车和火车头使用的热机时。然而，仔细审视这些理论依赖的近似条件就会发现，当我们以基础理论的视角看待这些条件时，它们就显得不那么准确了。我会在第6章中阐述这些问题，并且介绍如何用反事实属性解决它们。

推而广之，按照传统构想的观点，任何不符合表达范式（基于动力学定律和初始条件给出的精确物理学理论）的现象或对象都应该被视作附属现象，而非基本现象。科学哲学家称这类对象为“突现”（emergent）[①]对象，因为它们只在特定解释层级上才有意义，而传统构想认为这些层级并不是基本的。即便我们目前对这类对象的认识并不精确、尚有问题，传统构想也督促我们继续沿用这套认识，同时宣称这些对象并非基础物理学真正关心的内容。这种观点的问题在于，要想全面认识某种现象，需要所有层级的解释（想想我之前提到的计算机和工厂生产汽车的例子）。各个解释层级就像蛋糕的分层一样，只有它们整合到一起，才会好吃。要是无视蛋糕顶部的奶油、水果，直接从最底层中挖出一块来吃，肯定无法品尝到这个蛋糕的全部风味。而本书会引入反事实属性，从而让你一品整个蛋糕的风味。

---

① 又译“涌现”、“呈展”或“演生”，指由大量基本成分组成的聚集体，产生无法由基本成分的性质简单外推来解释的复杂现象的情况。——编者注

那么，仅以传统构想为基础构建的物理学以及科学究竟损失了哪些内容？我来举一个简单的例子，你可以在这个例子里看到，传统构想无法充分掌握某些属性的本质。为了更好地说明问题，我得虚构一位技艺非凡的小说家。这位作家不仅对自己的作品十分上心，而且为人慷慨大方，非常乐意在其他作家的作品中担任主角。为了方便讨论，我们还得假设他是有史以来最好的小说家，并且喜欢手写作品——用他那支绿色的圆珠笔。作为一名高产作家，他总是会在身边带些白纸，以便灵光乍现时能及时记录下来。此外，他书桌里还有一个专用的秘密抽屉，储存了一大摞白纸，以备不时之需。也就是说，这位作家或许一辈子都不会用到这摞白纸，这些纸永远都是空白。从原理上说，基础物理学的传统构想可以根据宇宙的初始条件和运动定律预测到这个结果。然而，这些纸的最重要属性并非它们是不是空白的，而是它们上面可以写字。这才是最重要的属性，因为这解释了为什么作家要如此精心地将其保存在专用抽屉里，以及为什么它们会处于空白状态。可是，传统构想根本无法凸显这种关于白纸上可能发生什么的属性。这就是一种反事实属性：正如我之前介绍的，它关乎的是可能发生什么，而非现状是什么。基础物理学的基本构想根本不可能体现反事实属性，因为它坚持要求仅基于初始条件和运动定律来解释宇宙中已发生的事，并预测将要出现的情况——也就是只关心苹果或电子的运动轨迹，同时忽略其他层面上的解释。然而，要想全面认识物理现实，所有层面上的解释都是必要的。忽略其中任意一部分都会导致某些重要信息的缺失。

再来举一个简单的例子：一个通过口口相传就能在一代代人中流传下去、不需要文字记录的小故事，就假设是一个古希腊神话故事吧。故事的内容是这样的：雅典国王埃勾斯之子忒修斯准备去克里特岛擒杀牛首人身怪弥诺陶洛斯。临行前，忒修斯和年迈的父亲约定：如果他打败了弥诺陶洛斯，那么船队返航时就升起船上的白帆；如果他不幸战败身死，就升起黑帆。接着，忒修斯就出发了，并且最终打败了弥诺陶洛斯。可是，返航途中，各种各样的事让忒修斯分了心（尤其是因为他的未婚妻阿里阿德涅可能也在船上！），导致他忘了让船员们升起白帆。结果，站在雅典最高塔楼上的老国王埃勾斯看着不断驶近的船只上挂着黑帆，很自然地认为儿子战败身死了。伤心欲绝的他投海溺死，因为这个悲剧，这片海域也由埃勾斯的名字（Aegeus）得名为“爱琴海”（Aegean）。

现在，再假设由我们的那位大作家来讲述这个小故事，但有个限制：他只能以确实发生的情况来描述这个故事，也即完全不能涉及反事实属性。具体而言，他不能提及与物理系统可能或不可能出现的变化有关的属性。

事实证明，这个任务不可能完成。忒修斯的这个故事要讲得通，要传递出本身蕴含的所有含义，船的两大属性就不得不提。其一，船可以发送某种信号，在这个故事中是两种状态之一——升白帆或升黑帆。其二，升白帆或升黑帆的这个信息可以通过某种方式复制到某些物理系统中，比如埃勾斯的眼睛和大脑。这种可复制属性告诉我们，船上的帆含有信息（就像前面提到的生物的复制因子一样）。

这两个属性，就像白纸的属性一样，都是反事实属性。因此，在传统构想的限制下，根本无法体现这个古希腊神话的全部含义，即便是有史以来最好的作家也不行！

同样，局限于传统构想限制条件之下的物理学也缺失了与物理现实相关的一些必要内容。要知道，反事实属性绝不是物理属性中的奇珍异宝，它们非常常见，更是认识许多物理现象（这些现象目前为止被学界主流观点贴上了“突现”“非基本”等标签）背后重要原理的关键所在。秉持传统构想的物理学界已经放弃了通过精确的普适定律准确认识这些现象的希望。但我在前文中已经介绍的多个例子表明，那些对我们认识现代生活中的现象至关重要的属性都是反事实属性：复制因子可以让自己被复制；看似精心设计的结果其实与特定原子集合在得到恰当输入时可以做什么有关；而恢复力代表的则是系统保存自身的能力。信息则是另一种在人类现代技术中扮演重要角色的反事实属性，它与复制特定模式的可能性有关。知识对认识人工智能这样的现象至关重要，它也由一种反事实属性定义：知识就是能始终维持自身存在的信息。另外，我随后会在第6章中解释，功和热这两个热力学概念——这两个概念是我们认识宇宙不可逆性和能量转换现象的关键——也与反事实属性相关。即便是像量子计算这样奇异的过程（我会在第4章中介绍这个问题），其本质也与物理系统的许多精确反事实属性相关。我们现在一提到量子现象，往往会觉得它们很神秘，甚至有点儿惊悚，但事实远非如此，与量子现象紧密关联的反事实属性其实完全可以被精确表达并理解。

读完本书，你就会知道，以反事实属性为基础构建精确的普适定律完全是可行的。这是一种与传统构想完全不同的解释模式，关注重点在于何种现象可能发生、何种现象不可能发生。在后续章节中，我们将一起探索这种关于可能与不可能的科学，看看它究竟是怎么运作的，是怎么用精确的定律解释那些传统构想压根儿无法解释的存在的。至于如何建立这种关于可能与不可能的科学，那是另一个故事了。未来我们是否有机会讲述这个故事，以及这个故事会有多精彩、有多强的恢复力，则取决于我们未来能开发出何种“梦的材料”，也就是取决于我们自己。

物理学的意义

丽塔把笔扔到了物理笔记本上，然后长舒了一口气。她刚刚做完一长串选择题，脑子好像变成了一团糨糊。有那么一刻，她想象着自己的脑壳里充斥着一种水果状的半固体彩色物质，里面随意镶嵌着各种物理方程，她觉得这还怪好玩儿的。接着，挫败感再度袭来。她的目光在整个房间里转来转去，试图找到一条出路。

"爸爸？"她突然叫道。

丽塔的父亲此时正躺在附近露台上的一张躺椅上，完全沉浸在阅读之中。从房间半开着的窗户望向露台，丽塔只能看到父亲满是黑色卷发的头顶靠在椅背上。

"爸爸？"丽塔又叫了一声，还提高了音量。

还是没有应答。对此，丽塔倒也不奇怪：她父亲读起书来总是那么投入，几乎可以完全忘记周遭的一切。于是，丽塔拿起物理笔记本，走到躺椅旁边。接着，她清了清嗓子，又叫了声爸爸。这次，父亲终于有了回应，他扬起头，露出询问的表情。“哦，丽塔。我以为你在做作业呢。”

“嗯，我刚才确实在做作业。而且，我觉得这些题目，我基本上都做对了……”说到这儿，丽塔有些犹豫，疑惑地看向笔记本，“呃……我觉得我对物理学的认识有些不够。我是说，这些计算我都能做，但算这些题的意义是什么呢？”

“哦，物理啊……”丽塔父亲懒洋洋地说，视线又转回到书上，开始寻找刚刚读到哪儿了。“物理很重要啊，”他继续说道，“我是个工程师，但当时要是有得选的话，我倒挺想当个物理学家。”

“就算工程学不如物理学，那也不等于物理学有多好。”丽塔反驳说。其实，坦率地说，她压根儿不知道工程学是什么，但她凭直觉就把工程学放到了一堆贴着“极其无聊”标签的东西里。很明显，在丽塔脑海中，物理学也属于这个范畴。

丽塔父亲叹了口气，把书放到大腿上，看样子是愿意跟女儿促膝谈心了。“好吧，来跟我说说，你在物理作业上遇到了什么问题？”

“我搞不明白的是物理学本身，”丽塔小心翼翼地说，“你看，就是这些题目。首先，它们要我运用牛顿第二定律推导出炮弹的运动方程。好，我照做了。接着，这些题目又给出了其他四种初始条件，让我都再推导一遍。也就是说，一模一样的过程，让我做了五次——整整五次！再之后，题目又要求我运用牛顿第三定律，就是作用与反作用力定律，和放在大桥上的火炮之类的东西有关。这些玩意儿似乎都没有什么意义，而且似乎整个物理学都是这个样子。我完全不觉得这门学科有什么用，它看上去很是狭隘。相比之下，其他学科显然都有意义得多。英语、哲学、艺术、数学，这些学科，我都能准确说出它们的意义，而且也可以从中收获很多乐趣。哪怕是历史，这门我不是特别感兴趣的科目，也显然是有意义的。可是，物理呢？我真不知道它的意义在哪儿。”说到这儿，丽塔停顿了一下，若有所思。

丽塔的父亲瞅准时机，把对话推向了另一个方向。“听我说，”他说，“我不得不实话实说，你学习物理的方式不太对。”

“可是，我的物理老师觉得天底下再没有比他更擅长教物理的了，”丽塔苦涩地说道，“虽然他谈到物理学本身的时候，似乎从来没有流露出什么热忱。我觉得，他对这门学科还没我上心呢。”

听到这儿，丽塔父亲简直要笑出声来，但他还是努力克制，保持严肃。“问题在于其实物理学根本不是你学的那些玩意儿，”他一针见血地指出，“我和真正从事物理学研究的人聊过，他们解决的可不是你习题册上的这些问题。完全不是。”

丽塔一直看着地板，显然是有些挫败和失落。

“没错，他们也解方程，也做计算，并且上学的时候肯定也学过要怎么把你现在面对的这些题目给做对。不过，他们现在真正研究的是这些方程背后的问题。他们正竭尽所能地认识宇宙，认识宇宙的工作方式，寻找宇宙的最基本原理，如此等等。”

丽塔稍稍抬起头，直截了当地说道：“我原来以为，这是哲学家的工作。”

“没错，哲学家也研究这些，但方式不同。哲学家思考的是关于伦理学、美学、知识等领域的论断。而物理学家最为感兴趣的是找到宇宙的最基础部分——也就是驱动万事万物的法则。这类法则中蕴含了很奇妙的思想，这点和某些精致的哲学思辨殊途同归。”

“你确定吗，爸爸？”丽塔怀疑地问道——她在物理课堂上从来没看到物理学中有什么深邃的思想。不过，她相信父亲。毕竟，她本人也愿意相信父亲说的是真的，因为这样会让她在学物理时的心态好很多。

“嗯，在这样的哲学讨论中，没人可以拍胸脯保证任何事，但我觉得事实就是如此。”丽塔父亲给出了肯定的答复。

“那就有些奇怪了。为什么物理学家仍在寻找新的物理法则？我原来以为我们已经知晓了一切物理法则，就比如我现在学的这些公式，牛顿运动定律之类的，还不够用吗？”

“因为我们现在掌握的物理定律，到最后可能会不起作用。换句话说，它们根本就不是确定下来就一成不变的。原来的牛顿定律以及其他物理理论现在都过时了。物理学发展到了某个时间点，大家就会发现此前的定律有问题。我们现在已经发现了比牛顿定律更具普遍意义的物理定律。你过段时间就能学到那些，或许是在大学里，当然这取决于你选什么专业……”

丽塔的脸上写满了困惑，显然仍没有被说服。“我原来以为，物理学就是各种物理定律的集合，而且是一成不变的定律，从建立起就是这个样子，以后也不会改变。学物理就是学这些定律并且学着应用。但按爸爸你刚刚的说法，似乎完全不是这个样子？”

“没错，物理学远非一成不变。我刚才也说，过去，牛顿定律是我们拥有的最棒的物理理论，它们首次出现是在几个世纪之前。但到了某个阶段，我们发现，牛顿定律在某些领域内不起作用了——比如当讨论涉及像电子、光子这样的微观粒子时。于是，我们就不得不构思其他理论，比如量子理论。但到了现在，我们发现，连量子理论都不是完全正确的了！这正是物理学的魅力所在。物理学永远处于变动之中，从来没有固定下来。这门学科不断前进，永不止步，克服了前进道路上的一个又一个困难。要做到这点，天马行空的想象和坚持不懈的毅力都是必不可少的，而且一定都不比文学家创作作品或是哲学家深入挖掘某个哲思所需要的少。”

听到这里，丽塔大为震撼。“要是从我第一天学物理时，老师就告诉我这些，就好了。那样的话，我一定会更加认真地对待这门科目。”

“是啊，老师有的时候会忘记告诉你最重要的东西，把重点放在错误的地方。有些老师甚至只会流水线操作：做做这个，做做那个，确保教学大纲上的内容全部讲过，严格遵守教育主管部门的指导意见，等等。于是，他们就忘了告诉你各门学科究竟蕴含了什么样的宝藏，更不用说引导你去发现它们了。但是，宝藏就在那里，就在某个地方。你只要再努力一些，就能找到它们。我觉得，到了那个时候，你就会对物理学思想更有兴趣，并且会发现这门学科和文学、哲学、艺术一样极具创造力。只不过，物理学使用的是一种完全不同的语言，它关注的话题看似离我们更加遥远，但无疑更为基本。”

接着，丽塔和父亲都沉默了一会儿，享受着这晚春的阳光以及周遭的寂静。丽塔走回自己房间的时候，突然又停住脚步、转过身，对父亲说：“还有一件事，爸爸。你刚才是不是说，即便是目前最好的物理定律也会在未来某个时候改变？”

“没错！就是这样。就算不久之后物理定律就出现了比之前更为剧烈、更为彻底的改变，我也不会惊讶。实际上，我觉得这个过程已经开始了。现在的这些物理定律已经存在很长时间了，超过100年。我们要更加大胆，勇于革新认识事物的方式。”

丽塔回到了自己的书桌前，面前的物理课本一下子变得深邃起来。显然，这是一件认识世界的有力工具。她安坐下来，再次拿出练习本，下一次物理学革命的念头依然萦绕在她的脑海里。此外，她还大胆地想，或许，自己也能成为推动这场革命的一分子。

第 2 章

运动定律之外

在本章中，我会介绍以下内容：一是**基础物理学传统构想**的内在逻辑，它仅使用基于动力学定律以及补充条件的解释；二是为什么传统构想无法体现信息、功与热、知识这类反事实属性的内核；三是为什么物理学需要一种基于**反事实属性**（与何种现象可能发生、何种现象不可能发生有关的属性）、与传统构想迥然不同的研究范式，为什么只有这样才能准确地从物质本质角度解释功与热这类现象。

没多久之前，地球在我们眼中要比现在神秘得多。那个时候，我们对地球结构的很多方面都知之甚少。美洲大陆和大洋洲大陆还不为世界上的大多数人所知晓。那是大航海时代，航海家们在海洋上漂泊，冒着比如今的航天之旅有过之而无不及的危险，只为寻找新的贸易线路、新的知识和新的疆域。这些九死一生的航程是航海家的生计，也关系到雇佣他们的国家能否扩大商业版图。为了在汪洋大海中保证自身安全，这些探险家充分发挥了他们的创造力。他们发展出了关于季风和洋流的精妙知识，发明了借助天上的星星在黑夜中辨明方向的工具。他们朝着海洋与天空之间的微妙分界线不断前进，踏上了一场无尽的探索之旅。他们的目标是最后能看到一道不那么完美的轮廓出现在远方——那意味着他们在数个月的孤独漂泊之后再次看到了陆地。

等待的过程总是充满担忧：担忧暴风、暴雨；担忧巨大的未知生物；担忧晕船；担忧因无风而寸步不得进；担忧陷入没有止境的波涛汹涌之中；担忧各种不确定因素。不过，他们也有可以依靠的东西：海图、设备、技术。用在第1章中解释过的词来说就是，他们拥有知识，即可以自我存续下去的信息。

有了知识，他们就可以预测：预测可能出现的风向和洋流方向；预测哪里可能会有礁石或者危险的浅滩；预测他们的航海之旅大概会持续多久。这样的预测有助于抚平他们的疑虑与恐惧，缓解因不确定而产生的不安。

对于早期探险家来说，像这样的预测正是他们最期望科学（尤其是物理学）产出的内容。这也是本章的重点所在。我会解释借助物理学传统构想做出预测背后的逻辑，指出其局限性，并展示反事实概念可以如何消除其中的部分限制。

所谓预测（不仅是物理学中的预测，还包括其他领域的预测），就是对一些未知信息的猜测。和猜测一样，预测也有可能是错的——我们可以通过实际结果来检验预测是否正确。此外，错误并不意味着无用。15世纪，克里斯托弗·哥伦布就做了一个人类海洋史上著名的虽然错误但远非无用的预测，其内容是：从欧洲海岸出发，往西不断航行就会抵达东方——“印度群岛”。现在，我们知道，他的这个预测显然是错误的——或者，说得更准确些，至少不完全正确。哥伦布压根儿没有想到，在通往东方的道路上，他们会遇到一片未知大陆。结果是，哥伦布的海洋探索之旅为文艺复兴时期的欧洲发现了美洲大陆。因此，他的预测虽然不正确（不完全正确），但仍旧有用，并且也对了一部分：如果他能在抵达美洲之后继续西行，或者再向南多走几千公里，绕过合恩角，最终也真的可以抵达印度。

另一方面，预测也可能完全没用。一个著名的例子就是库迈女先知的传说，故事是这样的：这位女先知是库迈（古希腊殖民地，今那不勒斯）阿波罗神庙里的祭司，一位朝圣者前来请她预测自己能否在即将开始的战争中安全归来。女先知在神谕上如此回复：

Ibis redibis non morieris in bello.

这个神秘的拉丁语句子中包含了女先知的预测，也就是朝圣者期望得到的答案。然而，不幸的是，朝圣者完全无法知道这句话的准确含义。这句话有两种截然不同的含义，取决于停顿在*redibis*后，还是*non*后。如果是前者，那这句话的含义就是“你去，你回来，你不会死于战争”；如果是后者，那这句话的含义就是“你去，你不回来，你会死于战争”。很明显，女先知在回复这位朝圣者时一次性说出了这句神谕，没有任何停顿，没有任何语调变化。因此，朝圣者完全无法得知神谕究竟是何种含义。

哥伦布的预测和库迈女先知的有哪些差别？前者虽然是错误的，但它有用、有价值，而后者则完全没用。可是，这背后的原因究竟是什么？如果只是探究预测本身的内容，那永远都找不到答案。我们必须更深入一些：差别在于预测的基础，也就是预测背后的解释。库迈女先知的预言并没有解释朝圣者为什么会从战争中安然无恙地归来，或者在战争中牺牲。正是因为缺少进一步解释，所以我们无法辨明女先知的预言究竟是哪个意思。相反，哥伦布的预测就有很好的解释来支撑：地球是圆的。

归根到底，预测的好坏取决于其背后的解释。这一点很重要，所以我们要多花点儿时间，再好好思考一番。这就好比是你在长途远足期间遇到一处风景优美的地点，你完全可以停下来，稍做休息，就在那个地方欣赏美景。现在，我们的目光超越了神谕的阴霾之地，来到了一片无边无际、郁郁葱葱的大草原——在这里，有效预测和有力解释之间的联系清晰且直接。这就是物理学。

物理学的预测非常有效，因而逐渐取代了宗教学和神秘学的预测，也取代了根据经验规律做出的预测——举个经验规律的例子："要想在花园里种出胡萝卜，你得在2月就撒下胡萝卜种子。"物理学定律通常具有很高的普适性，所以可以对整个宇宙做预测。

就拿牛顿定律来说，原则上，这个理论体系提供的解释以及相应的预测可以应用于宇宙中的所有系统。举个例子，牛顿定律预言了海王星的存在——在此之前，所有天文学家都没能直接观测到这颗天体。海王星被发现的故事相当重要，因为它明明白白地展示了物理学理论可以为我们打开一条通往未知世界的康庄大道。在1846年之前，海王星这颗行星的存在对人类来说完全属于未知领域。就在那时，有天文学家注意到，天王星的实际运动轨道与牛顿定律预测的稍有偏差。于是，他们猜测，附近可能还有一颗行星通过牛顿引力定律对天王星的运动产生了扰动，便根据这个定律预测了这颗未知行星应该在哪一时刻出现在哪个位置。天文学家把望远镜对准那个预测的方向，真的发现了一颗行星。毫无疑问，这个预测准确、有效、意义深远。最为重要的是，大多数物理学预测都是这样的。物理学预测的准确性非常高，是人类同样在奋斗的许多其他领域完全无法企及的，例如，你完全无法想象医学、政治、金融市场等领域内的预测能这样准确，但物理学做到了。

在物理学（以及更一般的科学领域）中，无论是解释，还是预言，都必须满足严格的标准。尤为重要的是，解释必须产生可以检验的预测。你或许也注意到了，“可以检验”本身也是一种反事实属性——它阐述了可以通过预言做些什么。这意味着，反事实属性居于最本质的科学理论和科学发现的核心位置。具体而言，“可以检验”意味着，如果预测是错的（也就是与我们在现实中观察到的现象不符），那就一定可以设计某种实验证明它是错的。举个例子，想象我们让一枚圆玻璃弹珠在斜面上自由滚动。大多数人一定会预测，弹珠会沿着斜面往下滚，越滚越快。这个预测就可以检验：如果有人提出弹珠会向上滚动，或者原地不动，又或者上下弹跳，你都可以直接用实验加以检验，让他们亲眼看到弹珠往下滚。简而言之，你可以通过实验证明自己的预测是对的，其他各种预测都是错的。

当然，也同样存在许多不可检验的预测。在此，我举一个宇宙学方面的猜想（主要是为了博读者一笑）：一条固定不动的狗顶着整个宇宙，我们的宇宙就这样保持着永远的平衡。实际上，顶着宇宙的也可以是别的动物，比如乌龟、马、穿山甲、河马，只要你能想到，都可以。这个宇宙学猜想引发的预测就是：这条狗应当是永恒不变、永远静止的，而且绝对不会变成其他什么动物。这个预测显然无法检验，因为即便这条狗真的存在，那它也位于宇宙之外，根本无法触及，那要怎么才能查验它究竟是狗，还是别的什么？顺便一提，这个预测背后依赖的解释基础其实也有几个问题。例如，为什么是狗在支撑整个宇宙，而非乌龟或别的什么动物？神话故事从来不解释这点，它们完全是随意选取支撑宇宙的动物。另外，狗是怎么做到永恒不变的？狗又是从哪儿来的？实际上，大部分宗教解释都存在这样的问题。这类理论完全不会解释那些神圣所在（比如我们这个例子中的狗）为什么出现，又是怎么出现的。

为什么预测是否可以检验，对物理学乃至整个科学的进展如此重要？原因在于，可检验性为发现理论错误并加以纠正提供了一种极为有效的方式。在此，我要岔开话题，详细说明预测、解释以及检验是如何同促使科学收获长足进步的方法紧密交织在一起的。为此，我得拨开历史的迷雾，向大家介绍提倡科学方法的先驱伽利略·伽利雷，以及这位思想者的精神内核。伽利略为检验预测而设计的实验美妙而简洁，因而广受关注。早在古希腊时期，亚里士多德就提出了一些有关运动问题的预测，亚里士多德的理论自那时起便一直被奉为权威。伽利略的预测则和亚里士多德不同。他预测，将表面平滑的坚硬铜球释放到没有任何摩擦力的光滑倾斜凹槽内，即便铜球的大小不同（也就是质量不同），它们在凹槽内的运动也不会有什么改变——其中最为关键的，是速度不会改变。这个预测同亚里士多德的理论产生了明显的冲突，因为后者预测，不同质量的铜球滚下凹槽的速度不同。乍看起来，亚里士多德的理论似乎更符合直觉，这就显得伽利略的预测更加有趣。

那么，为什么伽利略会做出这样一个违背直觉的预测？答案又一次藏在背后的物理学解释中。

伽利略此前曾构思过一个思想实验，正是这个实验构成了上述预测的解释基础。“思想实验”是一种精妙的智力产物，并不一定要在现实中实现，而是发生在人类脑海中，帮助我们总结出某些结论。伽利略正是从他构思的这个思想实验中得到结论，从而预测不同质量的铜球滚下光滑凹槽时，速度不会有任何差异。不过，这个思想实验本身可以应用到一个更为简单的场景中。我刚才说，按照亚里士多德的理论，物体在坠落时，其本身质量越大，速度就越快，例如小铜球从一定高度落下时的速度要小于大铜球。为了推翻这个理论，伽利略先假设它是对的，接着再按照亚里士多德理论推导，最终得出了一个与假设本身矛盾的结论。伽利略的具体推导过程是这样的：假设用一根绳子把小球和大球连在一起，然后再让它们从一定高度落下来，那么，按照亚里士多德的理论，小球的速度会慢于大球，就应该落在后面。如果这两个球下落的时间足够长，那么小球就会通过绳子拽着大球，让大球的下落速度也变慢。因此，这个由大小球组成的系统下落的速度会慢于大球本身的下落速度。此时，矛盾就出现了：大球和小球所构成的系统的质量必定大于大球本身，那么按照亚里士多德的理论，这个系统的下落速度应该快于大球本身才对！于是，伽利略就通过这个思想实验得到结论：亚里士多德理论错了，不同质量的球在自由下落时，速度应该相同。接着，他又更进一步猜想球在滚下光滑凹槽时也是如此。

于是，伽利略开始着手用实验证明自己的第二项预测（这就体现了预测可以检验是多么重要）。首先，他观察了球在水平凹槽上的运动情况，发现只要先轻轻地推一下球，它就能沿着凹槽自由移动，而且这种运动具有“匀速”的特征。伽利略用“匀速”这个词表示球“在相同的时间间隔内走过相同的空间距离”。用现代物理学的语言来说，就是球的速度是常数。然后，伽利略又观察了凹槽倾斜时球的运动情况。此时的小球在相同时间间隔内运动的距离越来越长，也就是说，小球在做加速运动。接着，伽利略又用不同质量的球重复了在倾斜凹槽上的实验，结果与之前并没有什么不同。就像他此前预测的那样，各种质量的球在倾斜凹槽上的运动状况都一样，速度与加速度都一致。就这样，伽利略用实验推翻了亚里士多德的理论。自此之后，后者就被彻底摒弃了。这个例子表明，预测的可检验性，是纠正错误的可能性的核心，在物理学乃至整个科学中都扮演了极为重要的角色。只要实验证明某个预测是错误的，那么做出这个预测的理论解释自然就是有问题的，就会被其他理论解释替代。

我们在第1章中已经提到，伽利略和牛顿的理论解释以及由此产生的预测有一个重要的共同特征，就是它们解释物理现实的方法都以运动定律为核心。给定系统（比如铜球或者行星）的初始运动状态（系统于哪一时刻在空间中的哪一点上开始运动）和运动定律，或者说动力学定律，就能描述这个系统的后续运动状态。假如我们能连续地拍摄这个系统的照片，那么其中的每一张都对应着这个系统在不同时间点上的“状态”。而运动定律则给出了这些照片的排序方式。其中尤为重要的是第一张以及最后一张照片，它们分别代表了系统运动的初始状态和结束状态——用物理学术语来说，就是系统的“初始条件”和“边界条件”。举例来说，想象炮弹发射时的场景，给这个系统连续拍照，那么第一张照片里应该是炮弹被装在炮管里，准备发射。最后一张照片里则是炮弹落到地面。一般来说，这一系列照片中的某一张的内容都由前一张决定——归根到底，由第一张照片决定。于是，由已知运动定律描述的所有这些照片序列都拥有一种特定的属性：每张照片之前都有且只有一张照片，之后也有且只有一张照片。这一属性就是物理学家所谓的动力学定律的“可逆性”：只要你掌握了所有这些照片的排列顺序，那就必然可以反向推演一遍，因为每张照片前后都有且只有一张照片。与有分岔路的花园或迷宫不同，这条路径上没有任何分支，前后发展明明白白，没有歧义。

由运动定律提供的理论解释是物理学中最为传统的解释。它由伽利略率先提出，牛顿定律的诞生则奠定了其地位。时至今日，两大最为基础的物理学理论——广义相对论和量子理论也都是通过运动定律的形式表达的。其他所有物理学家普遍视为基本的理论也同样如此，比如描述电磁场和基本粒子的理论。

使用运动定律解释实际现象的方法在很长的时间内收获了巨大成功，它产生的预测极为有效。例如，假如你是一位将军，现在正准备进攻一座城池，必须先破坏守护城池的坚实城墙。牛顿定律会细致地预测炮弹的整个运动过程，并准确告诉你，以何种倾角发射炮弹才能最大化它的破坏力。比如，牛顿定律会告诉你，对于以特定初始速度发射出去的炮弹来说，只有两条路径可以命中预设的打击点。无论是走哪条路径，炮弹都会在空中划过一条抛物线，但最大高度不同，具体如何取决于初始条件——炮弹发射时的倾斜角度。以高倾角发射炮弹，炮弹就会飞得很高，最终可能越过城墙；以稍低一些的倾角发射炮弹，它就会飞得低些，只要角度拿捏得恰到好处，就能击中城墙。无论以何种倾角发射炮弹，描述炮弹后续运动的都是它在各个时间点上的位置变化。这一系列位置变化，也就是炮弹的运动路径，完全可以由运动定律（在这个例子中是牛顿定律）刻画。正如我之前所说，在这个方法中，归根到底，对炮弹击中目标的解释由运动系统的“初始条件”，也即炮弹的初始位置和速度给出。

既然动力学定律如此有效，那很容易就会想到，是否可以将其扩展至宇宙中的万事万物，乃至整个宇宙本身呢？换句话说，一种以宇宙初始条件和运动定律为基础的物理学理论是否可以令人满意地解释宇宙中的万事万物？继续阅读本书，你就会发现，答案是否定的。应当指出，以运动定律和初始条件为基础给出的理论解释的确很适合解决特定问题——比如预测宇宙某一小部分（比如炮弹、网球、玻璃珠、行星）将会发生什么。然而，这种方法无法解释一切物理现实：实际上，如果你把这种方法看作对万事万物的理论解释，就会出现严重的问题。当然，和生活中一样，问题在物理学中也可能会带来新的收获。有问题，就有提高的空间，只要能妥善解决它们即可。正是这些问题逼迫我们走上了反事实属性的探索之旅。

我之前也提到，以动力学定律为基础的解释看上去就像一系列照片，有第一张和最后一张，还有中间的无数张，具体顺序由运动定律决定。就中间任意一张照片的状况（比如炮弹在抛物线最高点时的照片）来说，要想解释物体这时为何会处于这种状态，只需要研究前一张照片和后一张照片中发生了什么。

现在想想，这一系列照片中的第一张是不是让你觉得有点儿像是我之前提到的那条支撑宇宙的狗？你的感觉没错。为什么第一张照片就一定得是这样的，而不是那样的？毫无疑问，肯定还需要别的理论才能解释这一点。然而，这种解释本身不可能以初始条件和运动定律的形式出现——不可能用另一系列照片来解释第一张照片的情况。否则，这种解释就会像是硬生生地把另一个序列的照片加入我们讨论的这个序列开头。可是，即便可以这么做也会产生新的问题：新序列照片中的第一张也仍旧没法解释。放在那个关于狗的理论中，就相当于是设想了一系列其他状态的狗，来解释第一条狗。

严格地说，这种以初始条件和运动定律为基础的方法，在整个宇宙层面上是非自洽的。为了解释第一张照片（或第一条狗）而引入更多照片（或更多狗）并不能解决根本问题，这就是哲学家们常说的“无限回归”。[①]那些旨在解释宇宙起源的宗教理论也会陷入这个问题。很多宗教都会预先假设存在一个类似上帝的人物，可是，如果没有另一个上帝创造他，那他又是怎么出现的？在宗教领域，这个问题一直没有人去解决。而在物理学领域，我们必须解释为什么要选用这种初始条件，而不是另一种。根

① 反复地用目标本身（其他初始条件或另一条狗）解释目标（初始条件或狗），就出现了无限回归的问题。

据我们刚才介绍的内容，最重要的一点是，我们必须使用与原来不同类型的理论去解释这一点。既然这样，那么以初始条件和运动定律为基础的理论就不可能单独构成解释整个宇宙的全部内容。

初始条件问题是物理学中一个重大的未解难题。现在出现了一些看上去可行的理论，它们一道构成了物理学的一个分支，叫作“宇宙学”。顺便一提，就目前的情况来说，这些理论在准确性和适用性上还远不能和其他已有的成功理论（比如广义相对论和量子理论）相比。此外，这些理论的某些预测无法检验，原因在于，提出这些理论的目标就是为了解释宇宙现在的一切——所以，我们看到的一切当然都不可能和它们相悖。同时，我们又不可能检验它们对宇宙诞生之初的“预测”，因为我们无法回到彼时，设计实验加以检验。当然，这并不意味着初始条件问题就完全没法解决，只是我们目前还没有满意的答案。正是因为这样，我们才要换个角度看待这个问题。而关于可能与不可能的科学就提供了这样一个视角，因为它与物理学传统观念不同，并不以初始条件和运动定律作为基本元素。

此外，如果把动力学定律视作对整个宇宙的解释，那么从另一个重要的角度上说，它也是不自洽的。仍旧拿伽利略设想的铜球滚下光滑凹槽的过程为例，如果快速连续拍摄（比如每秒一张）整个运动过程，我们就会得到一系列照片。正如之前所说，动力学定律的作用就是将这些照片按特定顺序排列起来。也就是说，如果这些照片以混乱的顺序摆放在你面前，那么你也可以根据动力学定律把它们按顺序一张接一张排列起来。你可以根据动力学定律给照片标上1、2、3……的序号，时刻1对应球在凹槽顶部的状态，时刻2对应它开始滑落的状态，以此类推，直到球在某一时刻，比如说时刻N，滑到凹槽底部。也就是说，要想描述照片序列，就必须引入一个外部序列——在我们刚才这个例子中就是时间序列，其元素已经按1、2、3……这样的顺序排列好了。

于是，我们又一次碰到了无限回归的问题：要想给散乱的照片排序，就必须引入一个时间序列，可时间序列本身又必须用另一个序列解释。从更广泛的意义上来讲，动力学定律必须参考某些外部实体（时间），借助它们给运动过程中发生的各个事件排序，保证它们不会像是一下子同时发生的一样。然而，在这里，时间的存在就是一种公理性质的假设，无法用其他事物来准确解释它是什么。此外，回想一下伽利略的实验：为了描述球的运动，他必须用钟表计时。然而，如果把背景放到整个宇宙中，就会出现一个问题：有什么钟可以为宇宙的演化计时？从定义上说，宇宙本身就包含万事万物：宇宙之外不可能还有其他东西，更不要说什么钟表了。这就是“时间问题”的两个方面，它影响着所有试图成为宇宙终极解释的动力学定律。顺便一提，这个问题还会影响广义相对论构建的定律，因为在广义相对论中，我们要描述一个点，需要的不只是一个外部标签（时间），而是一组外部标签（时间和空间）。问题同样在于，时间和空间本身从来没有得到过任何解释。我不会在这里详细探讨解决这个问题的方法，只是想强调一点：无论这个问题的答案是什么，它都绝对不会以初始条件和动力学定律的形式给出，否则它就必然会落入无限回归的困境中。所以，答案必然以其他形式的解释给出。实际上，现在已经出现了这类解释，如果你有兴趣仔细了解，可以阅读朱利安·巴伯（Julian Barbour）的权威之作《时间的终结》（*The End of Time*）和迈克尔·洛克伍德（Michael Lockwood）的趣味作品《时间的迷宫》（*The Labyrinth of Time*）。

令人意外的是，以动力学定律为基础的解释还包含着极大程度的随意性。请再次回忆一下我们为动力学定律解释打的比方：这类解释就像是一组按序排列的照片，其中任何一张都通过运动定律与前后照片联系在一起，而且我们会很自然地假设位于中间的所有照片本质上都由最开始的那张照片，即初始条件决定。可是，为什么序列中的照片都应该由初始条件解释呢？毕竟，动力学定律是可逆的。那么，从原理上说，从最后一张照片开始反向追溯之前的照片，也同样可行，也就是可以用最后一张照片解释中间的所有照片。很明显，这种可以任意选择用哪张照片来解释的随意性并不能令人满意。不过，这个问题的解决方案同样必须以另一种完全不同的解释为基础，否则又会陷入无限回归的困境。

到目前为止，我已经介绍了物理学传统构想不自洽的两个方面——初始条件问题和时间问题。现在我要介绍动力学定律的另一个问题，这个问题更为深刻也更为有趣，但同样需要其他完全不同的理论才能解释。这个问题就是：动力学定律无法处理宇宙中某些系统的某些反事实特征。这个理论无法全面且恰当地表述反事实属性。

动力学定律无法解释的第一类反事实属性，就是宣称某种变化可能出现的属性。举一个变化的例子——加法：x 和 y（代表某个计数系统中的两个数）在加法作用下会变成数字 $x+y$。当我们试图用动力学定律方法表达这种加法存在的可能性时，就会遇到一些微妙且重要的问题。

表达这种加法可能实现的一种方式是证明加法器可能实现。理想加法器应该是这样一部机器：任意给它输入两个数 x 和 y，它都会产出结果 $x+y$，并且更重要的是，即便再输入其他数字，它也有能力不打折扣地完成相同操作。这种循环工作的能力保证了加法器可以在需要的时候反复做加法。实际上，在如今的智能手机计算器中，都囊括了近似这样的加法器。我之所以说"近似"，是因为智能手机在用上一些年之后，它的加法能力会变弱，加法操作的精确程度也会不可避免地下降。另外，我们给智能手机加法器输入的数字必然是有限数位的，因而也只能获取精度有限的结果。

如果你想按照物理学传统构想，也就是仅以运动定律和初始条件为基础解释宇宙中的一切，就无法完全体现加法器的可行性。首先，在确定初始条件后，宇宙就按照某种特定的轨迹（由初始条件决定）演化了，而这条轨迹上绝不会出现理想加法器，只能出现以有限精度执行接近加法器操作的过程。这种近似加法器只能将固定的、有限的输入值相加，并且迟早最终会失效。近似加法器的所有实例都只能维持有限时间且只能将有限范围的数字相加（否则就违背了我在第1章中介绍过的无设计定律前提）。加法器可行，或者说加法操作可能实现，这句表述的含义要远超近似加法器存在的事实。首先，理想加法器意味着，向它输入任意两个数字，它都能输出这两个数字的和。这里的关键是输入任意两个数字，至于现实中在选定轨迹后究竟有没有把数字输入加法器，则不重要。其次，加法器可行意味着，任何近似加法器都可能无限接近理想加法器。可这又是物理学传统构想所无法解释的，因为在这个框架中，我们最多只能声称出现在宇宙演化轨迹上的近似加法器实例可以以何种程度接近理想加法器。证明加法器可行要求对于每一条可能出现的轨迹来说，也就是在每一个可供选择的初始条件下，这点都成立。因此，即便能够给出特定演化轨迹上的所有加法器实例，也无法充分说明理想加法器可行。

动力学定律方法无法解释的另一种反事实属性是，有些事物就是不可行的。想想能量守恒原理，它告诉我们永动机是不可能造出来的。但按照动力学定律方法，我们只能说，永动机从来没有出现过，其含义是：在给定的初始条件下，宇宙的演化轨迹上没有任何一点涉及永动机。然而，永动机不可能造出来并不仅仅意味着它在特定初始条件的演化轨迹中不会出现！其真实内涵是：无论在何种初始条件下，无论在何种动力学定律的支配下，永动机都不可能造出来。显然，相比有关特定演化轨迹上的相关陈述，这一陈述的语气要强得多，适用范围也广得多。

当然，你也可以尝试这样表述某种事物不可能出现这个事实：努力证明无论在何种初始条件下，这种事物都不可能出现。实际上，如果能证明这点，你就得到了一条定律，但即便是这种定律，也没有完全涵盖“某种事物（比如永动机）不可能出现”这条原理的全部内涵，因为它只在特定动力学定律的约束下有效。而上述关于不可能性的原理对任何动力学定律都应当有效。显然，这个内涵的覆盖范围要广得多。

动力学定律方法的最后一个问题是，从表面上看，它与有能力做选择的实体（比如你和我）冲突。每一个全知全能的叙述者都知道这点。所谓“全知全能的叙述者”，就是以第三人称在小说中讲述故事的实体。这些叙述者知晓故事情节发展中所有人物的所有思想，因为他们的思想从小说一开始就已经被设定好了。对于小说里的人物来说，他们看似有选择，但实际上，他们的命运和思想早已被叙述者决定且固定下来了。与此类似，基于运动定律和初始条件的解释似乎也意味着我们的思想、行动和命运早已决定。我们的所谓选择，以及一切基于选择的行动，都似乎早就被预先设定好了，它们由动力学定律写就，由宇宙的初始条件完全确定下来。基于动力学定律的事件序列确定了一切——而且是一劳永逸、不再更改地确定了一切。你所有的思想都早就摆在那儿了。动力学定律解释完全没给它们留下不可预测的空间，但如果思想真的是通过“自由选择”产生的话，它们应当是不可预测的。

这就是所谓的“决定论梦魇”：基于动力学定律和初始条件的基础物理学传统构想似乎表明我们的宇宙早就已经确定了一个固定的、预设的“叙事框架”，完全没有给自由选择留下什么空间。举个例子，按照基础物理学传统构想，你明天早饭吃羊角面包还是吃熏鱼，早在宇宙诞生之初就已经由初始条件决定了。同样，你现在在看我写的这些文字（包括其中的每一个字、每一处笔误），而不是别的书（又或者别的什么，比如你最喜爱的真人秀节目），也都是由宇宙诞生之初的初始条件完全决定的。因此，不可预测性，或者说自由意志，就是动力学定律方法无法容纳的又一种反事实属性。当然，到目前为止，我们都不知道怎样才能让物理学准确容纳自由意志的概念——但这恰恰意味着我们要更深入地探究解决方法。自由意志的问题确实存在，但它并非完全不可解决。它只是在我们拘泥于狭隘的动力学定律方法时才无法解决而已。

好在，动力学定律方法并不是唯一能为现实世界提供解释和预测的途径。毕竟，为什么所有好的解释都应该像编年体故事那样从头讲到尾，中间没有一点点变化呢？为什么某些事情就一定要在另一些事情之后发生？这不应该是物理现实工作机制的全部解释。为了更清楚地介绍其他可能的解释，我们还是得请出第1章中提到的那位慷慨大方的作家，请他借助一张棋盘来为我们讲故事。

国际象棋是一种变化非常多的棋类游戏，也是很多人的灵感源泉。我就经常想象棋盘两边摆放好棋子，它们随时准备听从棋手的号令在棋盘上移动。

好了，现在我要你想象一场和局——也就是两边棋手都无法获胜的情况。具体说来，就是无论棋盘上的任何棋子怎么移动，任何一方都无法将死另一方（所谓“将死”，指某方的王进入了一个无法逃脱被吃命运的状态）。

和局有很多种，但我们现在选择这样一种和局：结束的时候，一方只有王，另一方只有王和一个马。现在，对于为什么棋局会出现这样一种和局的状态，至少有两种解释。第一种以整个宇宙的特定初始状态和动力学定律为基础：只要给出某种特定的宇宙初始状态，在动力学定律的支配下，两名棋手的思想早已确定，无论他们怎么下棋，棋局都不可避免地走向我们之前提到的那种和局局面（一方只有王，另一方只有王和一个马），不可能出现一方将死对方的情况。按照动力学定律方法，这就是这种和局局面出现的唯一解释。这种解释代价高昂，因为如果要加以证实，就必须计算构成两位棋手大脑和棋盘的所有基本粒子之间的相互作用。换句话说，就是要我们找出与两位棋手大脑和棋盘相关的所有粒子在宇宙诞生之初的初始状态。饶是如此，这种方法也没能解释和局的意义究竟是什么。

而真正的解释是：按照国际象棋规则，马和王只能按照有限的方式移动，即对这两种棋子来说，有些移动方式是规则允许的，另一些则是规则禁止的，即不可能的，而规则允许的方式都没有办法导致一方将死另一方。显然，这种解释涉及反事实属性，而且要详尽且具体得多。此外，这种解释只要用到棋盘和上面还剩下的3枚棋子的反事实属性，无须考虑宇宙中与此相关的别的什么，也无须考虑棋手的思想。最后，我们也能依据这种解释做预测，因为我们可以据此声称，只要两位棋手严格按照国际象棋规则走棋，棋盘上最后的状态永远不会演变成一方将死另一方的局面。不过，这种解释似乎不像是那种随时间展开的故事：它只说明某些变化是可能出现的，某些变化是不可能出现的；它与走棋的顺序无关，或者说得更一般一些，它与动力学定律无关。因此，这种解释是另一类故事：它讲述了棋盘上的棋子不可能出现何种状态。这个故事独立于时间存在，而且要求我们不仅要考虑真正发生的情况，也要考虑可能和不可能发生的情况。

那么，这套使用反事实属性的逻辑，是否可以从我举的这个简单例子中拓展开去，在整个物理学领域开花结果？实际上，在物理学乃至整个科学领域，我们都已经开始使用一些非动力学定律的解释模式，其中有一些就使用了反事实属性。所以，我们现在使用的其实是一种混合方法。举个我之前提到过的例子，以能量守恒原理为基础的物理学内容就显然与反事实属性有关。这些与能量、热、功有关的理论并不是以动力学定律的形式呈现的：它们要求某些事物不可能出现，比如永动机。但它们和动力学定律一样，可以产生意义深远的预测。最著名的一个例子莫过于预言中微子的存在——中微子是一种此前不为人知的基本粒子。这个预测与对海王星的预测有些相似，但这一次预测的对象并不是行星，而是一种亚原子粒子；预测的源头也不是动力学定律，而是一种与反事实属性相关的原理。这个预测的推演基础是：如果中微子不存在，那么能量守恒原理就不成立了。这个预测压根儿不可能由动力学定律得出，因为中微子的运动定律要等到人们发现它之后才知晓！这样的原理其实也出现在了牛顿定律中。实际上，只有牛顿第二定律是动力学定律——它将作用在某个系统上的力同加速度以及质量联系在了一起，而其他两条牛顿定律现在的表述方式并不完全是动力学形式的。牛顿第一定律就是一条混合定律，其内容是：在没有其他作用力的情况下，系统不可能改变运动状态，也即在没有外力干扰的情况下，系统会继续保持它原有的运动状态。从"运动状态"这个概念可以看出，牛顿第一定律与动力学定律相关，但它也提到了某些变化是不可能出现的（就像能量守恒原理一样）——没有外力作用，系统运动状态就不可能改变。牛顿第三定律就更接近纯粹的原理了，其具体内容是：每一种作用力都有一种方向相反、大小相等的反作用力。举个例子，你在公园里遛狗时，狗通过狗绳拉着你往前走，同时，你也在用同等大小的力拉着狗往后退。这个事实就来自牛顿第三定律的要求，而且并不源于某种动力学定律。

从这些与反事实属性相关的原理中汲取灵感，想象一种完全不同的物理框架，它以反事实属性为基础，并从中推导出运动定律和初始条件，不也很好吗？我们甚至可以畅想，这种全新的模式不但可以保留基础物理学传统构想的所有预言，甚至还能解决动力学定律方法无法解决的问题，填补现有理论的空白。

我畅想的这种由可能与不可能的科学所提供的解释模式，比我们目前在物理学中使用的混合解释模式还要激进。这种全新的模式将反事实属性放到最为基本的层面，再根据反事实属性解释动力学定律和初始条件。只要能做到这点，我们仍旧可以像现在这样用运动定律对炮弹、电子等对象做可检验的预测。只不过，现在，整个解释理论的底层基础变成了与反事实属性相关的原理，这就可以解决我之前提到的无限回归的问题，例如诉诸无穷组初始条件。就像棋子的反事实属性（哪些走法是可行的，哪些走法是被禁止的）可以解释棋盘上的和局一样，反事实属性当然也能解释为什么宇宙处于现在这种状态，最关键的是它规避了对所有粒子初始状态的讨论。在可能与不可能的科学中，可能性描述和不可能性描述同等重要。我们将在后续章节中碰到这两方面的几个实例。

这些似乎只是大胆的猜测，事实也的确如此。我第一次接触用反事实属性重新构建物理学框架的想法，是在物理学家戴维·多伊奇的一篇论文中。当时，我就觉得这个想法很吸引人，但也很疯狂。当时我正在牛津攻读博士学位，借用《爱丽丝梦游仙境》中的话，我开始在“早饭前想象6件不可思议的事”，用反事实属性重新构建物理学框架就是其中之一。然而，几个月之后，戴维和我就开始一起写论文阐述这个想法，并将其应用到信息理论中。博士毕业后，我决定完全投入这个方向，并且努力用它解决各种悬而未决的物理学问题。这个时候，我已经完全确信，这个方向前途一片光明。在一些勇于探索的学生以及经验丰富的物理学家的帮助下，我目前的研究工作集中在对这种方法的检验上。在本书后续章节中，我会重点介绍这种方法目前已经解决以及有潜力解决的一些问题。是时候深入我们的反事实探索之旅了。

洞穴旅馆

长木桌上摆满了玻璃杯和酒瓶（啤酒、波特酒、苹果酒），一群物理学家围坐在长桌旁，吵吵闹闹。除了他们之外，洞穴旅馆的花园里现在几乎空无一人，只有一名独自前来的男性坐在角落里。他穿着整洁的深色衬衫和牛仔裤，抽着雪茄，一言不发，整个身影都包裹在隐隐的烟雾中。看起来，他沉浸在自己的思索之中，对周遭发生的一切都漠不关心。

几张桌子之外，旅馆老板正忙着清理，为第二天的营业做准备。她的小儿子站在柜台后面，一副要帮忙的样子，但实际上，他基本只是在玩闹，同时还关注着物理学家们的对话。他和母亲的英语水平都不错，因而大致跟得上物理学家们的讨论。当然，其中有些物理学专业词汇，他们也不是很明白。平日里，这个名叫科尔托纳的小镇总是安静祥和，但这几天，这群奇怪的人到访，让小镇聒噪了不少，也令旅店老板母子很是好奇。

这些科学家的到来是为了参加在比萨高等师范学校举办的物理学年会。很明显，今年年会的主题是热力学。那天晚上，著名物理学家弗拉格教授刚刚在长桌旁发表了本次大会的主旨报告。他坐在长桌上首，就像一位全知全能的神端坐在黄金宝座上，周围的小神（他的同事）和普通人（学生们）向他投去崇敬的目光。

“热力学一文不值，”弗拉格教授自负地评价说，口吻像极了教皇，“为什么我们还要在这里开会讨论这方面的内容？一切都可以用动力学定律解释。我们不需要其他任何解释了——热机、计算机此类问题，最后都可以用粒子的动力学定律来表述。好——后面的小伙子！你有什么问题？”为了提高学生对科学的兴趣，大会举办方邀请了当地的高中生前来旁听。此时，一位学生怯生生地举起了手，询问弗拉格教授有关熵的问题。“这个问题，你得自己找答案，”弗拉格教授轻蔑地回答说，“去看看我的书吧。你这个年龄的学生都应该好好读一读，会对你大有启发的。”说完，弗拉格教授停了一会儿，喝了一杯波特酒，然后转向另一名学生：“下一个问题？”

旅馆老板不以为然地扭头看了看弗拉格。这位教授的确有些令人讨厌，他举止浮夸、骄傲自大、自命不凡、高高在上，旁观者一看便知。在这样的场合，他本当帮助孩子们更好地认识物理学，而不是一味宣扬自己的地位有多么崇高。不过，再怎么说，这和旅馆老板也没有什么关系。她瞥了眼儿子，他似乎对这些对话已经没了兴趣，完全沉浸在自己的游戏里。“也好，”她想着，“至少他不会去学这个家伙糟糕的行为举止。”

之后的会议又像这样持续了一段时间。学生们不断地提问，弗拉格教授用同样的言语回答着。

这时，一位女学生举起了手，她也是参会的唯一一位女性。因此，旅馆老板竖起耳朵仔细听她问什么。

“您有没有觉得，那些普遍性原理，就比如热力学中的那些原理，有时候也可以指导我们探索动力学定律？我最近看的书上说，爱因斯坦就是通过这种基于原理的方法推导出了他的相对论。您怎么解释他的做法？”

弗拉格做了个鬼脸，带着怜悯的表情看着这位女学生。“天哪，多么愚蠢的问题！爱因斯坦肯定夸大了所谓‘原理’在他创立相对论的过程中起到的作用，但无论如何，他发现的最终都是运动定律。因此，从本质上说，你提到的那些原理，以及一切非运动定律的所谓原理，都与物理学无关。实际上，爱因斯坦后来也承认，他所谓的基于原理的方法具有高度误导性。所以，我不认为他的这番言论与我的观点有什么冲突。小姑娘，如果你以后想当物理学家，一定要牢牢立足于方程，不要被那些奇奇怪怪的哲学思想搞分心了。”

那位女学生听完后，坐了下来，表情有些慌乱。这个时候，整场大会也陷入了一种奇怪的寂静氛围。毕竟，无论如何，这位女学生问的问题都确有意义，但没人敢挑战弗拉格。他是全知全能的人物，不容任何质疑或批评。

就在尴尬气氛达到顶点之际，一个声音从花园后方传来，打破了沉默。“我也有个问题。”那位孤身一人、此前一直坐在角落里静静抽烟的男人吐出最后一个烟圈，接着慢慢地把剩下的雪茄摁到烟灰缸里灭掉，最后一缕烟在空中升起，散发出一种皮革和橡木才有的微妙香气。“我想知道，一个连辩论都不会的物理学家有什么用。”这个男人继续冷冷地说道。

现场鸦雀无声。

“弗拉格教授，你一直在顾左右而言他，但你没有真正回答刚才那个问题。”

弗拉格教授先是吃了一惊，但马上又恢复了傲气。“恐怕我们两个之前并不认识。你是……？”

“我是谁并不重要。我只是指出，你还没有回答刚才那位女士提出的问题。”这个神秘的男人以一种看上去很放松的姿势坐着，但他那双锐利的蓝眼睛以并不常见的专注一下盯住了弗拉格教授。

弗拉格少有地觉得必须为自己辩解了。他使劲吞咽了一下口水，说道：“呃……你在说什么呢……我已经回答了那个女孩的问题！”

“你没有，”那个男人平淡地说道，“你只是避重就轻。我来简单说说对于那个问题，完整的回答应该是什么样的。一个完整、真诚的回答应当指出，如今的物理学是以原理和动力学定律这两方面为基础的。而爱因斯坦，就像你和其他任何研究物理的人一样，也同样凭借这种混合式方法工作，其基础包含一些原理，也包含一些动力学定律。动力学定律确实没有告诉我们一切，原因有如下几点：一、我们现在知道的动力学定律可能都不是最为基本的动力学定律；二、把它们应用于大量物质集合不切实际；三、我们甚至连宇宙诞生之初的初始条件是什么都还不知道。而原理，正是对动力学定律的补充，它们以一种意想不到的有效方式填补了动力学定律的空白。爱因斯坦很明白这点。而那位女士的问题，根本不是什么愚蠢的问题，她一针见血地指出了关键所在。”

弗拉格教授露出了沮丧的表情，这让旅馆老板很是享受。这个时候，大家都明白了，这个之前一直默默抽雪茄的男人其实很了解物理学。更重要的是，他对那位女学生问题的解答，要远好于那位声誉卓著的弗拉格教授。

“好吧，谢谢你的分享，”弗拉格教授终于开口说话了，嗓音中明显带着一点儿紧张，“那么，你现在说完了吗？要知道，这是一场私人讨论，你本不该发言。”

“不，我还没说完，刚刚只是热身罢了。我很惊讶，一个在书中自称对科学充满激情的物理学大师竟然一点儿也不熟悉正确科学讨论的基本实践方式。我还要继续解释下去。你觉得还原论是科学的基础原则？好，这没问题。那么就拿出你的论据，好好支撑这个观点。如果有人问出了你无法回答的问题，那就大方承认。这是物理学年会，不是求职面试，更不是你著作的宣介会。你们到这里，是来讨论科学的！而且，这些年轻的学生，未来就是科学家。同他们对话，是除了物理学研究的本职工作之外，你能做的最重要的事了。你应该张开双臂拥抱他们，而不是令他们灰心丧气，不要让他们失去对科学的信心。他们到这里来，是期盼着有杰出物理学家解答心中的困惑。或许将来有一天，他们中有人会构想出全新的热力学定律或动力学定律。除了他们，还能有谁呢？”

弗拉格教授和其他听众惊得说不出一句话，这个男人慢慢地站了起来，放了些钱在旁边的桌子上付酒资，然后就走了出去。他高挑、瘦削的身影逐渐与门外的黑暗融为一体，最后消失在了众人的视线中。

没过多久，旅馆老板开始给儿子卢卡铺床。“你早就该睡觉了，卢卡。”她说道。

卢卡露出了笑容。

“怎么了？”旅馆老板问道。

“妈妈，我真的很喜欢那个男人。”

“谁？”

“之前那个站起来为学生说话的男人。”

“哦，那个家伙啊。确实，他给了那个自大的白痴应有的教训。”

“他是谁？我时不时地会在旅馆里看到他，但我从来没有试着跟他说话，他看上去有点儿冷漠。”

“哦，我们都不是很了解他。他和妻子一起住在山上，有一座很大的房子。我印象里，这夫妇二人都是国外成功的物理学家，但现在突然远离了一线工作。他曾经对我说，他和妻子都对整个学术圈的现状感到失望，所以离开了。现在，他俩开了一所学校，引导那些想要学习物理的孩子们。我不知道这所学校具体是怎么运作的，但听上去像是一件好事。”

卢卡躺下并盖好被子后，仍想着那位神秘的物理学家。他真的很喜欢他。“他看上去就像一个海盗，”卢卡想道，“当然是劫富济贫那种，为了高尚而正义的事业而斗争。或许，所有优秀的物理学家都像他那样。”

几分钟后，这个小男孩脸上带着微笑睡着了，他已下定决心，长大后就要做神秘物理学家那样的人。

第3章

信　息

在本章中，我会介绍如何通过两种反事实属性（**可复制性**和**可翻转性**）在物理学范畴内完全体现信息的含义。此外，你还会在本章中遇到另一种反事实属性——**通用性**，以及它是怎么让**通用计算机**成为可能的。

夜色降临在圣淘沙岛（新加坡的一座小卫星岛）上，壮丽的美景就这样上演。观赏这番美景的最佳地点在连接圣淘沙岛与新加坡本岛的桥上。这座桥由光滑的木条建成，上面有一个观景平台，游客可以斜靠在栏杆上一边休憩，一边欣赏整个海湾的美景。

随着暮色渐渐变浓，各种声光出现在了空气中。整个环境背景一点点变得黑暗，直到最后彻底变为一片漆黑——无论是天空，还是海洋，都是如此。

这也是圣淘沙岛最美的时候。绿光照耀下的缆车在海面上方几十米的高度缓缓地在空中来回运动。各色船只在海湾里慢慢移动，它们的信号灯穿透了黑暗。岸边酒吧里的音乐声向周围扩散开去，仿佛是在温和的夜晚中低声私语。远方的灯塔忽明忽暗，忽暗忽明。

夜色下的这一切现象各有各的不同，每一种都需要不同的物理学分支来解释。缆车、船只由发动机提供动力，这得用热力学定律解释。音乐声及其传播得用声学理论解释。声音由空气分子形成的波构成，传播到我们耳中后，又在大脑内转化成电化学信号。分子由原子构成，而原子又由像质子、电子、中子这样的亚原子粒子构成。光则由电磁定律（麦克斯韦方程组）解释。在最为基本的层面上，所有这些现象都可以用量子力学和广义相对论解释——这是我们目前拥有的对物理现实最为深刻的解释。

虽然这些系统在具体细节上有如此多的差异，但它们也有一些共同之处，而且这些共同点不能由物理学现有分支中的任何一个来解释。音乐、船上的灯光，还有灯塔，这些其实都是信号。它们都可以携带信息，这是它们都拥有的一项关键特征。可能出乎你意料的是，宇宙中只有特定的一类系统能拥有这类特征。（我马上就会介绍几个无法携带信息的系统的例子。）

那么这类系统到底拥有什么特质，让它们得以携带信息呢？

这个问题的答案就涉及反事实属性了，也是我们这一章的重点。这一章会告诉我们物理学中的基本实体如何表达信息，以及统治物理系统的基本物理学定律是如何将信息实体化的。这点非常重要，不仅因为我们希望更深入地认识宇宙，还因为信息及其与物理学的联系是信息技术的核心内容，而信息技术可能会引发人类文明的进一步变革，我们将在第4章中讨论的通用量子计算机，就有潜力做到这一点。

乍一看，信息似乎与物理学没有任何瓜葛。实际上，在我们的日常语言中，"信息"这个词可以指一切事物。举个例子，许多系统都包含信息，比如：图书、报纸、杂志；电子邮件、手机短信；我们同亲朋好友聊天时说的话；还有各种诗词、歌曲。另外，我在第1章中也提到，生物圈也包含信息，这些信息编码在DNA分子中。不过，虽然上述所有系统都是物理现实的一部分，但也很难将信息同特定的某个物理系统绑定在一起。信息似乎更像是一种抽象的实体，很难明确它与物理学之间的联系。

首先，信息并没有特定的载体，但它可以嵌入各种各样的物理系统中。那么，信息是不是它所在系统的某种属性，类似颜色这样的？举个例子，我们称某束激光是"绿色"的，意味着它释放出来的光子（组成激光的能量量子）具有特定的频率和能量。那么，信息有没有可能就是类似于能量或频率这样的属性？并不尽然。能量和频率都是事实属性，因为它们完全由所属系统在某一时刻、某一空间点上的状态决定。但涉及信息时，情况就大为不同了。我将在后文中详细介绍，我们不能只通过全面描述某个系统的状态及其事实属性就认为它包含信息，因为系统包含的信息还与可能发生的特定变化有关。那么，我们称计算机或者智能手机“携带信息”时，到底是指什么呢？

或许，我们不应该拘泥于将信息定义为某种物理实体，或是物理系统的某种属性，关键在于改变关注重点，问一个略有不同的问题：某个物理系统携带信息时的状态与不携带信息时有什么不同？差异其实在于一组反事实属性，我在下面会详细解释。明确了这点，我们就能在不直接给出信息定义的情况下，知晓物理系统携带信息的必要条件，以及信息与物理学之间的关系。

我们可以用一个思想实验来明确系统要携带信息就必须拥有的反事实属性。首先，取一个可能携带信息的系统——比如可以用来发信号的灯——接着，我们一点点地减去它的关键属性，直到不能再减为止。到了那个时候，我们就会知道，我们在这个思想实验中减去的哪些属性是携带信息所必需的。

假设一天晚上你站在圣淘沙大桥上的观景点上，接到了一个用灯同海湾里的船只交流的任务。我们再假设，这盏灯的光是绿色的，可以自由开关，交流的模式则是：如果灯亮着，那么船可以前进；如果灯关着，那么船就只能停下不动。

现在，请想象灯光的颜色发生了变化。显然，这对它传递信号的能力并没有什么影响。改变灯的形状或是有关其状态的别的类似属性也不会影响它传递信号的能力。不过，现在假设你改变了灯的某些功能，比如：一旦你把灯打开了，就再也不能关上。那么这盏灯还能发送信号吗？显然不能。它不可能进入另一种状态，就不能借由两种状态之一发送信号：它只有一种可能的状态。

再想象你给这盏灯蒙上了一层完全不透明的覆盖物，导致灯光无法透出来，更不可能被远方的船看到。这种变化也会让这盏灯失去传递信号的能力，因为它不可能被驶来的船只发现。

于是，你就可以从这个例子中总结出以下结论：开着的灯之所以能携带信息，是因为它可以进入另一种状态（关），而且这两种状态之间的差异可以被驶来的船只觉察。你还可以从这个例子中得到一条自然界的通用基础规律：任何包含信息的系统都一定具有两种属性。

第一个属性是，这个系统可以进入至少两种状态中的一种。举个例子，如果这个系统有两种可能的状态——把灯的开关提炼为0和1——而且这两种状态可以像这样互相切换：

$$1 \rightarrow 0$$

$$0 \rightarrow 1$$

上述记法确定了以下变换（或者说任务）：如果输入1，就把它转换成0；如果输入0，就把它转换成1。如果某部机器确实能够满足这两项要求，那么它就能执行这个任务。我把这种变换称为“翻转”（一种特殊的变换方式），但如果你熟悉计算机科学，就会明白，这其实就是所谓的“非”操作。这个名字实在是再贴切不过了，它描述的就是那种总是和别人唱反调的人。如果你说是，他们就总是说否，反之亦然。类似，如果系统本来的状态是1，那么这个操作会让它变成0；如果本来是0，这个操作就会让它变成1。在圣淘沙大桥上观景的时候，我们就已经在几个地方看到了翻转操作。灯塔里的灯在开—关—开—关的模式里反复翻转，船上的信号灯也以类似的方式运作。另外，如今所有的计算机都通过晶体管的开关以极高的准确度实现了这种操作。甚至，我们的大脑也实现了这个操作，只不过准确度相对较低，具体方式则是神经元的活跃与沉寂。从灯的这个例子中，我们还可以看到反事实属性是发送最基础的信号（二进制信号）的必要条件。

包含信息的系统必然具备的第二种属性是，它的状态（比如桥上灯的开关状态）可以在其他位置（比如船的通信系统）被接收并区分。这种属性比较难表述，但仍然可以通过反事实属性充分且全面地体现，它的内涵其实是执行一种“类复制操作”的可能性。还记得我在第1章中提到的复制吗？这就是一种特殊的“类复制操作”。为了进一步说明复制究竟是什么，我们可以通过在大桥和船只的通信之间增添更多层级，把它们之间的交流戏剧化。想象这是一个大雾弥漫的夜晚，即便是桥上功率最强大的灯也无法被500米之外的船只看到。问题在于，船只都在大桥1 000米开外，它们在排队等待信号，准备驶过大桥，进入海湾。这个问题的一种解决方法是，派一艘船驻扎在距大桥500米左右的地方，居间传递信号。只要这艘船上也有一盏灯，它就可以在看到桥上的信息后同步调整灯的开关，从而把信号传递给其他船只（老式电报和信标信号就是这样工作的）。也就是说，只要居间船上的灯保持与桥上的灯一致的状态（桥上的灯开着，居间船上的灯也开着；桥上的灯关着，居间船上的灯也关着），这套通信系统就能生效。这个过程相当于将桥上灯的状态完全复制到了居间船上的灯上。

更一般地说，类复制操作就是将某些系统（比如桥上灯的状态）拥有的初始值分毫不差地转移到其他系统（比如居间船上的灯）上，且原系统仍旧保有初始值。我们可以用下面这个式子表达这个过程：

$$10 \rightarrow 11$$

$$00 \rightarrow 00$$

在这两个式子中，箭头左侧数字的第一位代表携带着等待被传递的信息的系统（比如桥上的灯）的状态（0或1），第二位数字则代表待接收信息的系统（比如船上的灯）现在的状态。因此，整个式子的含义是：如果输入10，那就输出11；如果输入00，那就保持不变。这个流程就是一个“复制”过程，因为在执行完这个操作后，第二个系统（其状态由第二位数字表示）就包含了第一个系统在执行操作前拥有的值（0或1），且第一个系统的状态保持不变。

在我们美丽的圣淘沙岛上，灯塔就可以执行这种类复制操作，因为它的信号可以被复制到居间船的灯上，然后再传输到其他船只上。在其他可以包含信息的系统中，复制操作也居于核心位置。我在第1章中介绍的DNA分子也是这么被复制的。DNA分子复制时，其中的基因都被忠实地复制到了另一个DNA分子中。印刷厂用活字印刷的方式印报纸也是一种复制操作。我们阅读报纸，上面的新闻进入我们的脑海，这其实也是一种复制过程。与之类似，当我们站在圣淘沙大桥上欣赏那里的美景时，所有的信号也都具有进入我们脑海的可能，我对圣淘沙美景的回忆和描述就是某种复制。（当然，跟所有作家一样，我在“复制”这些信息的时候，可能会略略修饰一番，有时可能也会因为记忆缺陷而遗漏一些内容。）这类回忆之所以可行，是因为圣淘沙美景本身就包含信息——它包含可以翻转的信号（就像之前我说的灯），这些信号也可以被复制到我的脑海中并且在一段时间后回忆起来。复制操作在计算机内部工作机制中也非常重要：计算过程产生了输出结果之后，它就必须能被复制到其他媒介（比如另一部分内存）上，以进行后续处理。

到这里，我们就得到了非常重要的结论。如果某个物理系统具备下面两种反事实属性，它就有能力携带信息：

1. 它**可以**被设置成至少两种状态里的任何一种（可能在物理学定律的约束下执行翻转操作）。
2. 其中的每一种状态都**可以**复制（可能在物理学定律的约束下执行复制操作）。

这样我们就明白了为什么“信息”是一种物理属性：系统是否携带信息取决于物理学定律是否允许该系统进行上述两种变换。如果不允许，那么系统就无法携带信息。如果宇宙中的所有系统都不具备上述两种属性，那么信息就不可能存在。因此，信息是否能够存在，取决于物理学定律是否允许系统具有特定的某些反事实属性，但这些属性不同于我们熟知的颜色、质量等事实属性。它们之所以是反事实属性，是因为系统是否能够携带信息取决于上述两种变换是否可能在系统内实现。借助反事实属性，你就能看到信息与物理学之间那本不易察觉的联系！

拥有这两种属性的系统就是“信息媒介”。信息媒介各种各样，但有一个共同点，那就是它们都可以实现复制、翻转两种变换。我在圣淘沙大桥这个例子中提到的所有系统都是信息媒介，它们都具备前面提到的两种反事实属性。最简单的信息媒介——或者说信息的基本单位——是比特，它是一种只有两种可能状态（0和1）的信息媒介。它可以传输表达最多两种不同信息的信号。宇宙中有无数事物可以看作按比特模式运作：我们前面提到的灯有开、关两种状态；箭头可以指向上，也可以指向下；硬币有正反两面；是非题只可以回答对或者错；等等。从信息的角度出发，我们可以抛却上述所有系统的物理细节差异，并把它们视为同一种东西：比特。即便是可以表达多于两种信息的媒介，也同样如此，我们可以把它们看成多比特的集合。

不过，并非所有系统都是信息媒介，比如计算机中已经被完全占用且无法清除内存的存储器——我们可以从中读取信息，但无法写入新信息（因为存储器已经没有空间了，又无法清除内存或重置）。它曾经是信息媒介，但不再是了。在另外一种情况——可以写入信息，但无法读取——下，它们当然也不能算是信息媒介。你是否尝试过在卡布奇诺咖啡或啤酒顶部的泡沫上写些什么？乍看起来，这些泡沫似乎也能成为信息媒介，但要不了多久，你在上面写下的记号就会逐渐消失，直至完全无法辨识。这两类系统都不能携带信息，因为它们都不具备足够的反事实属性，自然也不是信息媒介。

信息媒介的一大重要属性是，它们都是可替换的，因为信息可以从一个信息媒介中被复制到另一个当中，无论两种媒介之间有多大的物理细节差异。我把这种属性——把信息从任一信息媒介复制到另一个中的可能性——称为互通性。举个例子，某个比特中的信息可以被复制到其他任何一个比特中，不用管这前后两个比特各自属于何种物理系统——晶体管、箭头、硬币或者开关，都可以。旧式黑胶唱片上记录的音乐可以转换并复制成如今闪存中的数字编码音乐。我们说的话可以通过录音设备转换成文字信息，储存在构成智能手机内存的晶体管中。我脑海中的想法可以被一字不差地记录在这页纸上，接着又会复制到你的脑海中，随后还可能复制到其他人的脑海中，或是你的笔记本上（如果你决定把它们写下来的话）。所有这些信息媒介都可以互相替换，也就是说，它们之间相互通用，信息可以在它们之间没有任何限制地转移。

互通性之所以存在，是因为所有信息媒介都具有我在前文中提到的两种反事实属性，这让它们得以超越自身的大部分物理细节（也就是说，它们无论是由光子、晶体管、电子自旋、中子，还是灯的开关承载，都具有互通性）。在上述所有案例中，如果我们只对这些系统的信息处理能力感兴趣，那就可以剥离无关细节，单单从信息媒介的角度讨论它们，仅考虑它们“携带信息的能力”（比如箭头是向上还是向下，灯是开是关，等等）。

现在，有了反事实属性的帮助，你就能理解为什么信息乍看起来像是抽象概念，实际却扎根于具体的物理属性（反事实属性）了。在讨论比特的时候，我们无须提及它由何种物理系统承载。真正重要之处在于，比特是一种信息媒介——完全由其反事实属性定义，与其所在系统的物理细节无关。那么，信息与物理学之间的联系在哪里呢？关键在于，何种物理系统是信息媒介、何种不是，完全由约束宇宙运作的物理学定律确定。此外，信息媒介的互通性是物理系统的一种反事实属性。换句话说，它是物理世界的一种属性，与夏季天空的颜色、彩虹的形状、相异电荷之间的吸引作用都没有什么区别。

你将一次又一次地看到，一些看似无关紧要的简单属性（比如互通性）实际上却能产生深远的影响。在本章中，我就想讨论互通性的一大深远影响：信息有可能从某种物理介质复制到另一种物理介质中，是计算机（以及其他一切相关信息技术）存在的基础。

既然计算机以一种精妙而细微的方式依赖于信息媒介的反事实属性，我不妨在此小小地离题一下，介绍一些有关计算机的内容。在某些圈子里，计算机背负了一些本不应背负的骂名。举个例子，在传统物理学中，计算机被视为“突现的”“宏观的”系统，一点儿也不基本，自然也不应当花时间研究，与基本粒子地位迥异。在大众文化中，热爱计算机的人也总是与“极客”（如《生活大爆炸》中的主角谢尔顿）这样的人物联系在一起。在最好的情况下，人们也只是把计算机看作有用但无聊的机器，仅比洗碗机或者吸尘器稍微有趣一些罢了。实际上，要不是得用计算机写论文、玩游戏、写邮件、网购、约会、社交，我们压根儿不会想到它们。

上述所有观点都是片面的，因为它们都忽略了计算机的一个基本属性：它与物理学定律通过反事实属性紧密联系在一起。我先从计算机与物理学之间的联系开始讨论。计算机需要物理实体支撑——它们由信息媒介构成（一般来说，计算机总是包含数十亿个开关或晶体管）。因此，计算机当然受到物理学定律的约束。尤为重要的是，计算机可以或不可以执行哪些计算，都取决于物理学定律允不允许。在20世纪80年代几位量子计算机先驱指出这点之前，计算与物理学之间的联系，始终没有得到充分认识。最早提出这种联系的是罗尔夫·兰道尔（Rolf Landauer）、保罗·贝尼奥夫（Paul Benioff）和理查德·费曼这样想象力卓绝的思想家，但率先真正充分表达这一思想的是戴维·多伊奇。之后，计算机科学家查尔斯·贝内特（Charles Bennett）又深化了这个概念。

两个数字的加法（我们在第2章中已经介绍过）就是一个简单的计算例子：这种计算的输入是数字x和y（比如5和10），输出是$x + y$（比如15）。计算机有能力执行像加法这样的计算意味着，只要给它正确的输入（x和y两个数字），它就应该给出我们想要的输出（数字$x + y$），而且计算机可以反复执行这种操作。

计算机能够执行的所有计算就是它的指令集合。举例来说，计算器就是拥有包含加法、乘法、减法和除法的指令集合的计算机。

那么，计算机的指令集合由什么决定？由控制计算机构件的物理学定律决定。在给定物理学定律的掌管下，对于每一种在物理层面上可行的计算，都至少有一类计算机能够执行此类计算。这里我说的“计算机”，并不仅仅指像你的个人电脑那样复杂的机器。实际上，我讨论的是那种有特定用途的计算机，它们的指令集合中只有寥寥几种计算——比如上面提到的加法（输入两个数字x和y，输出一个数字$x + y$），或者乘法（输入两个数字x和y，输出一个数字$x \times y$）。

那么，我们要怎么把指令集合较小的计算机变成指令集合较大的计算机呢？举个例子，假如你现在有两台计算机，一台会加法，另一台会乘法，你要怎么通过这两台计算机得到一台既会加法又会乘法的计算机呢？在物理学定律的统治下，多亏了互通性，实现这个目标的方法相当直截了当。你只需要找来第三台计算机，当你输入数字x、y和指令“加”时，这台计算机把任务分发到会加法的计算机上；你输入数字x、y和指令“乘”时，这台计算机则会把任务分发到会乘法的计算机上。这样一来，这三台计算机构成的整个系统就成了既能做加法又能做乘法的更通用的计算机。

按照这个思路推演下去，你就不难想到，可以构造指令集合中囊括了所有可行计算的计算机。这就是真正的通用计算机，只要给它编上合适的程序，它就能执行物理学定律允许的所有计算。这之所以可行，是因为物理学定律并没有禁止通用计算机的出现。从这个角度上说，我们的笔记本电脑以及台式机，都可以算作通用计算机。

我们宇宙中的计算机的另一大属性是，它们指令集合中的所有计算操作都可以通过一小部分基本计算操作的组合来实现——就像是用26个字母拼写出单词一样。这也同样是在现有框架下才有的特征，如果框架改变，这个结论就不一定成立了。

举个例子，3是一个数字，4也是一个数字，如果我们把它们并排放到一起，就得到了一个新的数字34。在这个十进制的框架中，所有数字都可以用0到9这10个数字表示。类似，以各种方式将基本计算操作组合起来，就能实现物理学定律允许的所有计算操作。例如对一个比特执行两次翻转操作：如果这个比特原来是0，执行一次翻转后变为1，再执行一次翻转后，又变回了0；如果这个比特原来是1，执行两次翻转后会回到1。所以，对同一个系统执行两次翻转操作，其实就对应于另一种操作——在刚才这个例子中，就等于什么都不做，或者说等于让比特保持原来的状态。假如有一种计算操作集合，将其内部的操作互相组合，就能重现通用计算机指令集合中的所有可能运算，那么我们就称这种集合为“通用集合”。有了通用集合，任何计算操作都可以被还原成通用集合中基本计算操作的序列。从这个角度上说，这些基本计算操作有点儿像是乐高积木：所有乐高模型（比如汽车、别墅、海盗船）都可以被分解成最基本的几类乐高积木，而且它们的组合规则是确定的。同样，所有可行的计算操作也都可以被分解成通用集合中基本计算操作的组合。我们有时称这些基本计算操作为“门”，它们可以按照固定的规则组合起来。如果物理学定律允许某种通用计算集合存在，那么我们就称其具有“通用性”。通用性是一种反事实属性（与什么事可能实现有关），而且影响深远：正是因为有了通用性，我们如今司空见惯的通用计算机才有可能出现。人类第一次提出通用性是在维多利亚时代。当时，发明家查尔斯·巴比奇（Charles Babbage）提出，要建造一种他称为“分析机”的机器。如果这个设想成真，那巴比奇的分析机就是第一台可编程计算机，也就是现代计算机的鼻祖，只不过它的体格要大得多，而且完全由黄铜机械齿轮和车轮构成。巴比奇的合作者，同时也是一名优秀数学家的阿达·洛夫莱斯（Ada Lovelace）很明白这种机器的通用性，并且在笔记中设想，分析机除了执行计算操作之外，还可以实现各类理论上的信息输出。她甚至推测，可以用分析机创造一些复杂的音乐。遗憾的是，由于缺乏资金，巴比奇的设想没能付诸实践，通用性这个反事实属性也因此在很久之后才得到更进一步的研究。那是20世纪40年代，阿兰·图灵借助他的计算机器最终正式提出了通用性的概念。此后，量子通用计算机（我们在第4章中就会详细介绍）先驱戴维·多伊奇又进一步明晰了这个概念，并将其同物理学联系了起来。

通用计算机可以执行物理学定律允许的所有计算操作。一旦拥有了通用计算机，你只需要给它装上合适的程序，它就能模拟物理定律允许的其他任何系统，比如囊括了种类繁多的动物、植物、微生物的生态圈。另外，从原理上讲，它甚至能模拟人类大脑（拥有思想和情绪）。

既然你现在已经掌握了信息的互通性这个新概念，我就告诉你一个秘密。通用计算机可以实现的必要条件就是信息的互通性，如果互通性不成立，那么计算机的运作方式就会与现在大为不同——真正的通用计算机将不复存在。信息的互通性中蕴藏的反事实属性是怎么让通用性这个反事实属性成为可能的？这点研究起来很有意思。在此，我仍旧举一个例子，以加深你对此的理解。想象宇宙中存在一个“尘埃区域”（简称D），这个区域内的物体均由我们称为“尘埃”的物质构成（没错，我借鉴了菲利普·普尔曼《黑暗元素》三部曲中的概念）。假设尘埃是一种最多只能和普通物质发生极微弱的相互作用的物质。（实际上，部分宇宙学家确实认为宇宙中存在一种非常接近这个例子的物质，他们称之为暗物质。不过，我只是想轻松愉快地做一个假设，一点儿也不想讨论宇宙学方面的内容，也不想讨论这种物质是不是真的存在！）

再假设存在某种用尘埃制成的信息媒介。这就意味着，它与宇宙非尘埃区（简称ND）中的信息媒介无法互通，因为这两个区域之间的联系至少是有很大缺陷的，甚至可能根本不存在联系。尘埃区内的生活可能和我们一样，也有居民、文明、计算机，但他们没法向我们发送信号，我们也没法向他们发送信号。

这就意味着，尘埃区内的比特和非尘埃区内的比特不遵循互通性，它们之间不可互相替换。因此，尘埃区内比特蕴含的信息就无法被复制到非尘埃区比特内，反之亦然。

那么，这个现象会对通用计算机造成什么影响呢？假设尘埃区内现在有一台通用计算机（当然只是在尘埃区内通用）。这就是说，这台计算机可以执行尘埃区物理学定律允许的所有计算操作——我们称其为“指令集合D”。而在非尘埃区，有一台通用计算机可以执行非尘埃区物理学定律允许的所有计算操作——我们称其为“指令集合ND”。这两台计算机的指令集合加在一起，就构成了整个宇宙中（D和ND）所有可能的计算操作。在互通性成立的现实宇宙中，完全可以把这样两台计算机合并到一起，构成一台可以执行全宇宙内所有可行计算操作的宇宙级通用计算机。而且，正如我之前解释的那样，实现这点很容易：只要给出输入和计算要求，再把计算任务分配到能够执行所需计算操作的那台计算机上，最后就能得到想要的输出。

然而，在一个被分成尘埃区和非尘埃区两个独立部分的宇宙中，这是不可能实现的！由于输入的信息本身就必须得被封装在要么是尘埃区要么是非尘埃区的信息媒介内，那么它就不可能被另一个区看到、读取或复制。举个具体的例子，假如输入被封装在尘埃区信息媒介内，而需要执行的计算操作则在非尘埃区的计算机上，那么，我们根本就不可能把输入提交给非尘埃区的那台计算机。更进一步，这还意味着无法在这样的宇宙中构建出一台全宇宙级通用计算机，也即，一旦违反了互通性，就不可能造出通用计算机。这个例子就很好地向我们展示了信息的互通性有多么重要。

我们已经花了几页的笔墨来认识物理学与信息之间的联系。那么，这又会对我们认识物理现实产生何种帮助呢？借助信息媒介的两大反事实属性，你应该已经充分认识到了我们这个宇宙的一大重要特征，那就是互通性。如果没有互通性，那么我们所说的“信息”以及基于信息之上的通信，就都无法实现。同样无法实现的还有计算机，更不用说像现实世界中那样工作的通用计算机了。

你刚刚看到的这个例子很好地说明了多种反事实属性交织在一起可以产生多么强大的解释力。当然，这个例子中的一切反事实属性都与信息有关。我们可以把这些反事实属性想象成一座金字塔。在金字塔的底座上，是信息媒介的反事实属性：翻转和复制操作在某些物理系统（信息媒介）中可以实现。金字塔的中间层则是信息媒介的互通性：信息可以从任何一种信息媒介被复制到另一种当中，无论这两种媒介由何种物理材料制成。金字塔的最顶部则是通用性——通用计算机可以实现。更高层级的反事实属性需要所有的反事实属性来支撑。另一方面，这些反事实属性也让许许多多其他变换成为可能。现如今，我们所有与信息相关的技术都是在互通性这个反事实属性上建立的，所以，也可以说，从可以繁衍后代的生物到可以思考人生的智慧生物，最复杂的特性都建立在互通性的基础上。只要这座金字塔中的一部分反事实属性消失，整座金字塔就都不复存在了。

另外，把焦点集中在信息媒介及其反事实属性上，忽略其他与具体系统相关的细节，就不难得到一种比现有物理学理论更为深刻的抽象理论。你或许还记得，我在本章开头特别提到，按照基础物理学的传统构想，圣淘沙美景中的各种元素需要用各类物理理论解释。但如果从反事实属性的角度看待，它们中的很大一部分其实非常相似：它们都是信息媒介。基础物理学的传统构想无法表达这个事实，而可能与不可能的科学则可以优雅、简洁地将其充分表现出来。

反事实属性方法还可以让信息摆脱主观性的困扰。我们称某组状态可以复制，并不需要任何有意识的主体或观测者执行这种操作，比如部分晶体的结构可以一遍又一遍地自我复制，这个简单的化学反应其实就在没有引导实体的情况下执行了复制。

这种客观的反事实属性是解释信息概念所必需的，它们非常简单，却影响深远。无论你是坐在咖啡馆里喝着咖啡、听着喜欢的音乐，还是坐在躺椅上翻阅手机内容或看书，抑或是站在阳台观赏美丽的日落，这些情景之所以能够成真，都是因为翻转和复制这两种操作可以实现，都是因为信息媒介的互通性。就在此时此刻，你我都在享受这些反事实属性的强大功能：我，写完这几句后，就要给本章画下句号；你，在读完这几句后，就要翻到后一页，发掘新知识。

韦内齐亚诺间奏曲

“慢慢来，弗朗西斯科。记住我们的座右铭。我们一定要稳步推进，不要操之过急。”阿尔多·马努齐奥（Aldo Manuzio）说完这些，就舒适地坐回皮制躺椅里，然后凝视着合作者、年轻的雕刻师弗朗西斯科·达博洛尼亚（Francesco da Bologna）。后者坐在阿尔多书房内的贵宾椅上，回应了阿尔多的目光。他看上去还是有些怀疑。

阿尔多继续说道：“印书、卖书需要细致、周密的筹划。我们正在开辟一条全新的道路，必须小心谨慎，千万不能犯错。就在十年前，还没有人想到书竟然可以买卖。现在再来看看，看看威尼斯这里，我们的印刷产业多么欣欣向荣。我们正在以自己为榜样引导整个世界！现在，我们需要探索一些更大胆的字体，还需要进一步开拓市场，也需要让书变得便携。这或许会多花点儿时间，但绝对值得。”

弗朗西斯科仍旧保持沉默。他正在仔细翻看阿尔多之前给他的草稿，其内容是阿尔多计划用来印刷新型书（体积更小，或许成本也更低）的新字体。阿尔多想让弗朗西斯科把这些草图变成顶部带有字母的金属压印器。因此，弗朗西斯科就必须设计出一种优美、易读的字体，然后把这种字体原样刻到金属上。阿尔多画的草图并不工整，总体上偏细长，而且稍微有点儿向右倾斜，这是手写字体常有的特征。

最后，弗朗西斯科还是开口表达了自己的忧虑："老哥，把这么小的字刻到金属上可不容易。"他显然不是很有信心，说这话时右手摸着后脖颈。"很麻烦啊。刻出这么小的字符，比我们之前设计的还要小，笔画还带弯曲，确实是个重大挑战。我担心，给印刷机设计出一整套这样的压印器需要很长时间，那生产进度就拖后了。我们能不能就用之前用过的那种字体？市场变化很快，我们在尝试新字体这样的事物时，别的印刷厂完全有可能超越我们。"

阿尔多叹了口气。"我明白，弗朗西斯科。在这个节骨眼儿上缓下来确实很难。你说得完全正确，威尼斯的印刷业竞争很激烈。如果没有很充分的理由，我们确实不该放慢脚步。你肯定觉得我的想法只是一厢情愿……"

看弗朗西斯科没有回应，阿尔多继续说道：

"但并非如此。印刷手写字体将会给整个行业带来翻天覆地的变化。我需要你的巧手设计并准确制造出这类字体。没有你，确实无法实现这个目标。”

“我相信你的直觉，阿尔多。过去五年里，我见证了你的印刷事业收获了巨大成功。我只是怀疑，这种细微的进步是否真的会那么大幅度地提升图书质量。为了新字体花这么多时间和精力，真的值得吗？”

阿尔多看着他，神情又是激动，又是兴奋。“值得，弗朗西斯科！完全值得，我很确定。这是必须迈出的一步，时机也恰到好处。有了这种新字体，我们就能生产出比原来小得多的书，里面的内容看起来和修道院抄写员手抄的皇皇巨著没什么两样。但后者不可能大规模生产，不可能被更多的人看到。而我们的书可以用印刷机大规模生产。我们不会像抄写员那样只是一次复制一本，而是可以同时印刷几十本这样的便携式小书，它们会在公众中传播。我们面向的将是威尼斯的所有读者，还有威尼斯以外的。我们生产出的精彩内容会把他们淹没，希腊语、拉丁语、俚语、希伯来语，所有语言都可以覆盖。我们甚至可以在最便宜的版本中标注语法规则，只使用简单的词汇，而不仅仅生产只有受过良好教育的人才能读懂的高价版本。但无论是哪个版本，它们都一样优秀，几乎就和真的手写体一样优美！”说到这儿，阿尔多停了一下以调整呼吸，“我们离这个目标很近了，真的很近了！我几乎已经看到了用这种优美新字体印刷的所有图书了。现在，我只需要你（和你手下的匠人们）再一次发挥非凡的技巧。”

弗朗西斯科叹了口气。能够得到这位以一己之力开启了威尼斯图书业的权威人物的肯定，他很荣幸。另外，阿尔多的话听上去也确实靠谱。

阿尔多继续说道：“瞧，有了这种字体，我俩就能迈出史无前例的一步。我们只要能出版用这种模仿手写字的新字体印刷出来的书，就能对全人类做出巨大贡献。到时候，所有人都会用我们设计的这种字体，书也会做得非常小，读者可以带着它们到处走。这就是一次伟大的飞跃。这一切的核心就是我们的印刷机，或者说印刷机的复制操作，以及你和你的同行们将要设计出来的这种优美字体。你和我将携手确立未来几十年的印刷业版图，甚至可能不止几十年。”

“很好，”弗朗西斯科终于笑了，他说，“我会好好想想怎么设计这种字体，下一次来的时候就给你带来样品。我会尽可能加快速度。”

目送弗朗西斯科走出印刷厂后，阿尔多顺手把大门关上，慢慢走回了自己的书房。屋子里的所有人都在休息，除了他。阿尔多翻开了一本他们几年前印刷的书，里面的内容是亚里士多德的论著，用的是弗朗西斯科设计的罗马字体。他小心翼翼地抚摸着这本书，就好像是抚摸着爱人的手。阿尔多一页页地翻阅着，指尖慢慢滑过上面的文字。他感受着自家印刷机印出的字体，而思绪则奔向了很远很远的未来。

阿尔多想象着几个世纪之后的未来之书，疑惑远多于答案。那时候的书会用什么材料印刷？教会会允许印刷非宗教书籍吗？管制是不是仍会很严格？书籍的普及能否让更多的人学会读写？书籍会不会甚至可以免费阅读了？

在阿尔多看来，所有这些令人惊叹的图景当中最美妙的，还是要以高度精确的印刷机为基础。印刷机刚问世的时候，几个德国人把这种机器带到了威尼斯，阿尔多学会了使用它，并就此爱上了这一行。他当时就立刻意识到，用机械手段大规模复制字母拥有巨大的潜力。现在，只要迈出这直截了当的一小步，一切都有望成为现实。复制，这么简单的一个操作，却能产生如此深远的影响。接着，阿尔多又想到，造物主真是偏爱人类这个物种，她竟然允许我们以这么高的精确度执行复制这种意义重大的操作。

“或许，在未来，有必要给这类可以复制的东西起个名字，”他想道，“我一定要记得想个好名字。”

夜色轻柔地将威尼斯罩进了自己有些湿漉漉的斗篷下。阿尔多·马努齐奥疲惫的脸上泛着微笑，缓缓地滑入梦乡。他梦见了一个构建在印刷机、书本和知识之上的灿烂未来。

第 4 章

量子信息

在本章中，我会介绍，如果信息媒介还拥有另外两种反事实属性——**不可能**执行特定的类复制操作以及**可逆性**——它们就变成了能够携带量子信息的系统。另外，我还会介绍量子通用计算机——一种充分利用量子理论威力的通用计算机。

我的家乡都灵民风淳朴、勤劳。这座小镇的西南面有一条狭窄的小路。沿着这条小路一直走，就到了滨海阿尔卑斯山山脉的山脚下。那里到处都是岩石，与波涛汹涌的蓝色利古里亚海相接。那儿还有一座圆形的山丘，俯瞰整个海湾。山丘顶部坐落着一个可以追溯到中世纪的古老村庄，名叫“切尔沃”。以前，每到夏天，我就和父母一起去那儿度假，住处是一所很小很小的公寓，它最大的亮点是可以俯瞰沙滩和一小片海湾的阳台。站在阳台上，可以看到渔民们划着船来来往往，海鸥和鱼鹰时不时地俯冲下来捕猎，还有那永恒不变的紫红色的日落。有的时候，天气特别干燥，早上的能见度极高，甚至可以看到远处科西嘉岛上的山峰将将出现在地平线上。它们看上去就像是被施了魔法的城堡，在海洋与天空的昏暗分界线上涌动。

我在切尔沃度假的大部分时光都是在灿烂阳光照耀下的户外度过。那个时候，我经常和一群当地小孩一道玩耍，其中有一个后来还成了我最好的朋友，她叫弗朗切斯卡。我们在满是沙粒和石子的海滩上跑来跑去，时不时地跑到海里嬉戏，追逐着风和浪涛，探索那儿的一切，还会超越现实中的景物，想象海盗和他们埋藏在海底的宝藏（可惜我们什么都没找到！）。

天气不那么好的时候，我就转而和母亲到内陆走走——母亲有一种特殊的才能，总是能在最意想不到的地方寻到有意思的事情。有一次，她找到了一座农场，有一位老妇人在那儿售卖鸡蛋、蜂蜜和蔬菜。通往农场的路藏在一片绿油油的海岸松林里，之后还要穿过几片橄榄树林。抵达农场后，转过身，沿着这条走过的路回望，就能看到大海在远处闪闪发光，周围的空气中充斥着上万只蝉聒噪的声音。

正是农场里那位脾气暴躁的老妇人教会了我有关概率的游戏，当时我大概7岁。现在想来，那其实是人们常说的“骗人打赌游戏”的变种。老妇人把两只茶杯倒扣在桌上，然后在其中一只底下藏一枚闪闪发光的玻璃弹珠。当然，她藏的时候，我是不能看的。如果我猜对了玻璃弹珠在哪只茶杯下面，我就可以拿到弹珠作为奖励；如果猜错了，我就得帮老妇人收集整个农场里的鸡蛋。我并不太在意自己是赢还是输，实际上，我挺喜欢农场里的老母鸡和小鸡仔的。因此，对我来说，这个游戏无论如何都值得一玩。

概率游戏中的风险其实就是一种反事实属性，其内涵是，你不可能百分百肯定地准确预言某件事物。我称这种反事实属性为“不可预测性”。在我小时候玩的那个游戏中，不可预测的是玻璃弹珠的位置。有意思的是，在这个例子中，不可预测性并非客观属性，因为它只对玩这个游戏的人有效。站在我的视角上看，正确预测弹珠位置的概率是1/2，但那位老妇人完全知晓它的位置。因此，在这个游戏中，不可预测性只对玩家成立，而原因只是玩家没有掌握完整的信息。另一方面，设计游戏的人则掌握了全部信息，因而能完全肯定地预测结果。

和这个游戏一样，日常生活中的大部分不可预测性似乎都是源于缺少信息。天气预报总是不准——天气总是无法准确预测——是因为我们无法完全掌握当地大气内所有粒子的初始条件。掷硬币的结果无法预测，是因为硬币与环境的初始条件，我们也很大程度上无法掌握。不可预测性的程度则由概率量化。不可预测事件的概率表达的是我们根据已知信息推断某种结果有多大可能真正发生。例如，当有人问你“明天天气如何？”时，你可以回答“我不敢肯定，这没法预测，但有90%概率明天是个晴天”，等等。

曾经有那么一段时间，大家认为，所有不可预测的行为都和弹珠游戏里的一样并不客观，总是和特定视角联系在一起。只要掌握了关于目标事件真实状态的完整信息，不可预测性就不存在了。也就是说，不可预测性只在信息不完整时才会出现。

从直觉上看，这种观点无疑是正确的，但到20世纪上半叶，量子理论的出现彻底推翻了这种看法。在量子理论中，不可预测性的出现并非只是因为缺少信息。这个理论认为，不可预测性是物理学世界的一种内禀性质，即便所有人都掌握了所有相关信息，它也依然存在。也就是说，不可预测性是客观存在的。

如今，在大众的想象中，量子理论似乎已经成了一种奇怪的野兽。由于这种理论会得到怪异的推论，大家都觉得它虽然值得关注，但又不可理解。这相当令人遗憾。你可能会想到爱因斯坦在描述量子纠缠现象时用到的“幽灵般的超距作用”这样的说法，或者薛定谔将猫锁进装有毒药的盒子里这个令人毛骨悚然的图景（薛定谔构思这个著名思想实验是为了说明量子叠加这种现象）。各路媒体更是用各种朗朗上口的段子加深了大众心中“量子理论注定完全是个谜”这种观点。牛顿物理学统治时期，大家认为，这个世界无论藏了多少谜，终究都是可以理解的。而现在，好日子一去不复返了，我们不得不接受一幅全新而陌生的物理现实图景。在这幅图景中，物理理论与各种实验证据完全一致，但它对宇宙的解释却令人费解。

这些评价对量子理论都不公正。确实，量子理论乍看之下的确很怪异、很反现实，但实际上，这个理论有趣、精妙且充满惊喜，最关键的是，它并不神秘，完全可以理解。我们对量子理论理解得越深，就越能体会它有多么令人兴奋。

不过，量子现象确实无法用我们熟悉的例子完全解释。你在后文中也将看到，量子系统涉及的属性确实完全不同，甚至可以说让人摸不着头脑，在概念上就与我们日常生活中的世界观相悖。此外，量子理论都基于一些简单的反事实属性，这些属性也是我在本章后续内容中要讨论的。

顺便一提，量子现象对我们人类文明的进步也至关重要，因为有了它们，我们才能进一步增强量子系统的信息处理能力，使其远超我们目前使用的经典计算机所搭载的非量子信息媒介。量子反事实属性就是驱动下一代技术革命——量子通用计算机——的燃料。量子通用计算机当然也是一种通用计算机（一种可以执行物理学定律允许的所有计算操作的计算机，我在第3章中介绍过），但它们处理信息的方式完全依赖于量子理论。我们现在使用的计算机都是经典计算机，它们执行计算并不依赖于量子现象，完全依赖于经典机制。

早在20世纪80年代，对量子通用计算机的理论描述就已经问世，而且其特点从纸面上看大有前途。相比于经典通用计算机，量子通用计算机的计算能力更加强大，因为它的基本信息单位（量子比特）能够探索的可能性要远多于简单的经典比特。这种丰富性完全源于量子物理学效应，量子通用计算机也因此得以在执行某些计算任务（比如搜索大型数据库、将某个数字分解质因数等）时比传统计算机更高效、快速。而最重要的是，量子通用计算机之于信息社会，就相当于传统计算机之于前信息时代的社会。有了量子通用计算机，信息处理领域才有可能出现全新的技术提升。然而，真正实现通用量子计算机仍然是一项艰难的挑战。这个领域目前已经云集了大量顶尖物理学家、工程师和材料科学家，以谷歌、IBM（国际商业机器公司）、微软为代表的大量信息技术公司（其中还有许多初创公司）都摩拳擦掌，竞相开发第一台量子通用计算机样机。毫无疑问，我们现在离这个目标已经越来越近，不过仍然有相当一段距离。

有这样一群人，他们怀着敬畏之心、抱着极高期待并以乐观心态看待技术进步，但归根到底，还是对技术赖以存在的理论基础更感兴趣。我就是其中一员。到底是什么样的量子信息媒介才能支撑如此高效的量子信息处理技术？如果技术已经在向前推进，那么再深究其背后的理论基础又能让我们有哪些收获？

实际上，深入探究量子理论基础之后，我们就会惊讶地发现：量子系统的所有属性（对量子通用计算机以及相关量子技术极为重要）本质上都依赖于一些基本的反事实属性。我在第3章中已经解释过，信息媒介就是可翻转、可复制的系统。量子系统也具有这两个反事实属性，因此，从这个角度上说，它们也是信息媒介。不过，另一方面，量子系统还拥有其他反事实属性，这也让它们的功能大大提升。

那么，量子系统额外拥有的反事实属性是什么？为什么量子系统依靠这些属性成了功能更为强大的信息媒介？为了解答这两个问题，我们再来考察一下本章一开始提到的那个茶杯概率游戏，但这一次要站在信息理论的视角上。在这个游戏中，两个茶杯加上玻璃弹珠就构成了信息媒介。如图4–1所示，这个系统包含了一个比特的信息，以弹珠位置编码：如果弹珠在右侧那个茶

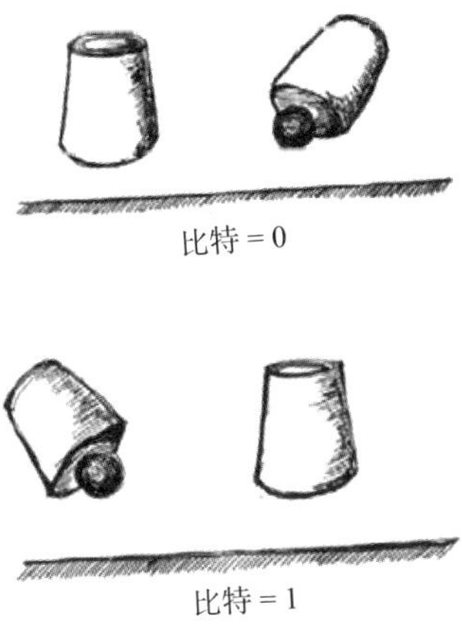

图4–1 两个茶杯和一个玻璃弹珠构成的信息媒介

杯底下，这个系统编码的值就是0；如果弹珠在左侧那个茶杯底下，系统编码的值就是1。

我们可以设想一个标准的游戏程序：先抛一枚硬币，如果硬币正面向上，就把弹珠放在左侧杯子下面；如果硬币反面向上，就把弹珠放在右侧杯子下面。这样一来，对游戏玩家来说，这个信息比特就是完全随机的，即不可预测性最高，因为此时这个比特取值为0或1（对应弹珠在右侧杯子底下或左侧杯子底下）的概率均为1/2。然而，对游戏设计者来说，这个比特的取值是确定的（要么是0，要么是1），他们准确知道弹珠在哪个茶杯下面。

现在，让我们设想把这个游戏放在受量子理论支配的系统中，系统中的媒介并非简单的信息媒介，而是量子信息媒介。那么会出现什么变化？

在这个量子游戏中，我们用光子（光的量子）代替玻璃弹珠，用光的两条可能路径代替两个茶杯。首先会有光源释放出这个光子，接着，后者可以沿水平路径传播，也可以沿竖直路径传播。这样一来，光子及其路径就构成了一种信息媒介——它们可以编码一个信息比特：如果光子沿水平路径传播就编码0；如果光子沿竖直路径传播就编码1。

这样，就可以按照我之前解释过的随机程序设计这个游戏——但到目前为止还未必是量子游戏。例如，设计者可以根据抛硬币的结果人为地让光子沿水平路径或竖直路径传播，此时，

图 4–2　光子及其路径构成的信息媒介

游戏玩家猜对光子传播路径的概率仍是1/2。你会发现，这个新版本的游戏与原来的弹珠游戏本质上没有任何不同，因为它没有用到光子的任何量子属性。要想让它变成真正的量子游戏，我们需要探索其他方式，在游戏中使用光子的量子属性。

那么，有什么量子方面的内容是光子可以体现，而玻璃弹珠无法体现的？答案是，从光子的纯量子状态入手——只有在量子物理学框架下，光子可以处于这样的状态，在经典物理学框架下不行——比如量子叠加态，具体到这个例子上说就是，光子处于水平路径和竖直路径的叠加态。这种状态到底是什么意思？它与我们熟悉的光子处于确定路径上的状态有何联系，又和反事实属性有何关联？为了回答这些问题，我们得先考察一个明确的实验，在这个实验中，我们将制备处于不同路径叠加态的光子，然后再对光子做特定的测量。在这个过程中，我们就会发现，虽然从特定角度上说，叠加态与经典物理学框架下玻璃弹珠的状态有些相似，但本质上却完全不同。

光源释放出光子后，我们可以把光子引导入一种特殊的晶体中。这种晶体和光子发生相互作用后，会让后者“分裂”，分别沿着两条传播路径（一条水平，一条竖直，如图4–3所示）传播，这样就实现了光子不同传播路径的叠加态。如果你将一束光引导到这样的晶体中，你会发现光束确实分裂成了两条路径（水平的和竖直的）——这也是为什么我们有时把这种晶体称作“分光器”。但是，我们现在讨论的是单个光子，而非一束光，于是，此时“分裂”的含义就只能用量子理论来理解了。

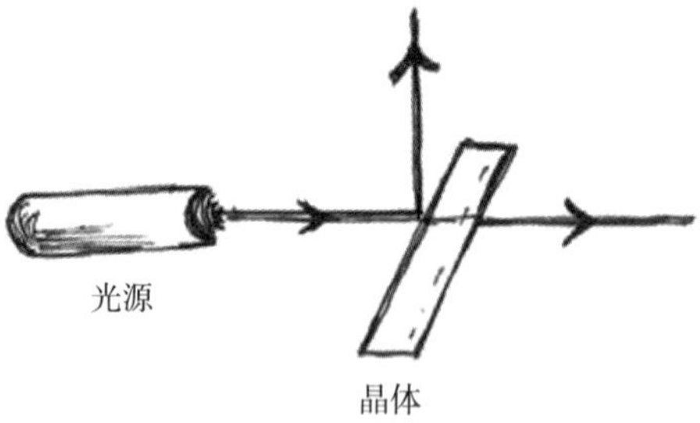

图 4–3　光子被晶体“分裂”

那么，在量子叠加态中，一个光子“分裂”成沿两条路径传播的状态到底意味着什么？这种叠加态的一个关键方面是，在光子穿过晶体后，我们发现它处于水平路径上的概率是1/2，发现它处于竖直路径上的概率也是1/2。当光子处于不同路径的叠加态时，我们不可能预测它究竟处于哪条路径上，即光子的路径位置是不可预测的。如今，全世界的量子实验室每天都会开展这样的实验，它们以极高的准确度确认了这类量子行为的存在。

那么，这是否意味着，当光子处于不同路径的叠加态时，使用“它处于某条路径上的概率是多少，处于另一条路径上的概率又是多少”这种说法就充分体现了它的属性，就像我们描述经典物理学框架下两只茶杯下的玻璃弹珠那样？答案是否定的。实际情况要微妙得多，量子叠加态并不完全等同于概率。光子并不是一种随机的信息比特——即便在有些例子中，它看起来像是。

光子与随机信息比特（比如前面那个游戏中的玻璃弹珠）之间的第一个差异在于，没人可以准确预测光子究竟处于哪条路径，即便是那个制备光子叠加态的人都不行！光子路径的不可预测性是绝对的，与前述例子中的随机性不同。制备光子叠加态的实验员知晓整个过程中的所有细节，但他仍无法预测光子处于哪条路径。现在可以确定这样三点：1.光子处于两条不同路径的叠加态；2.处于这种状态时，光子没有确定的位置；3.如果你测量光子的位置，结果完全不可预测。因此，与叠加态联系在一起的量子不确定性并非源于缺少有关制备光子的信息。如果在我前面提到的那段经历中，农场老妇人在游戏中使用的是光子，而非玻璃弹珠，那么即便是制备出光子不同路径叠加态的她本人都无法预测光子所在的路径！这就是两个例子的第一个重大区别。

这两者之间的第二个重大区别可以在重复游戏时看出。在玻璃弹珠这个游戏中，如我之前描述，你通过抛硬币随机地把弹珠放到两只茶杯中的一只底下。在重复这个游戏时，你也仍旧是通过抛硬币，根据结果重新将弹珠放到两只茶杯中的一只底下。而玩家也仍旧只有1/2的概率猜对弹珠在哪只茶杯底下。在已经不确定的情境中增添不确定性并不会让这个情境变得更加确定，甚至可能会变得更不确定。随机抛1次硬币、2次硬币，还是100次硬币都不会改变这个系统的不可预测性，也就是说，重复玻璃弹珠游戏的准备流程并不会改变玩家猜对的概率。

现在，再来看看使用光子的情况又会如何。重复量子叠加态的制备过程，意味着你要让光子两次穿过晶体。在实际操作中，可以这么做：在第一个晶体后放置第二个晶体，再借助镜子，让既沿着水平方向传播又沿着竖直方向传播的光子穿过第一个晶体后，被镜子反弹回来，再穿过第二个晶体，见图4–4。

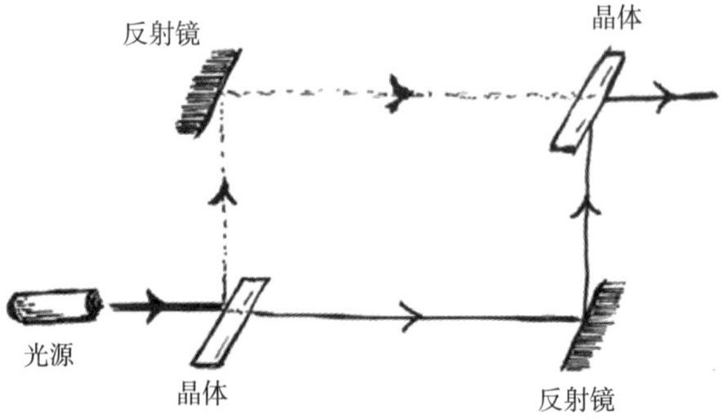

图 4–4　让被“分裂”的光子穿过第二个晶体

光子在穿过第二个晶体后，会处于哪条传播路径？如果你按照玻璃弹珠游戏的经验类推，认为每块晶体都只是随机为光子选择了一条传播路径，那你肯定会认为，光子处于其中一条路径上的概率为1/2，处于另一条上的概率也为1/2。然而，事实并非如此！光子在穿过第二个晶体后，一定会处于最早（光源发出光子时）的传播方向——水平方向上。如果你认为晶体只是随机地改变光子传播路径，那就根本不可能出现我们发现的这个结果：重复两次相同的随机过程（晶体），结果竟然是确定的，而非随机的！这个结论显然不正确。如果它正确，那你就可以去赌场，等到色子掷两次或扑克牌洗了两次后再下注，就总能赢钱了。因此，这个结论显然与实际情况矛盾。

这类矛盾的出现，通常意味着假设中出了问题。这个例子中的关键在于，晶体对光的作用并非随机操作，即便光子通过第一个晶体时的结果看上去很像是执行了这类操作。分光器创造的量子叠加态与抛硬币、掷骰子这类操作不同，不能仅用概率描述。它在本质上是另一类事物。我第一次知晓这个令人震惊的事实是在阿图尔·埃克特（Artur Ekert）手下攻读博士期间。埃克特教授在开辟量子密码学之初，费尽心思地向心存疑虑的科学界解释量子系统的特别之处，解释它们并非简单的随机现象。这种反直觉现象的根源就是量子理论的核心——仅凭这点，就能确定光子是真正的量子力学粒子。

光子之所以会和随机放置的玻璃弹珠有这么大的区别，是因为只要光子穿过了第一个晶体，它的另一种物理属性（既非位置，也非路径）就完全确定了。这个属性就是，光子处于特定的路径叠加态。除此之外，还有一个反直觉的事实：在光子穿过第二个分光器后测量它的位置，就是一种测量这种属性（也就是测量光子究竟处于何种量子叠加态）的方法。这就是为什么在光子穿过第二个晶体后，我们就会看到确定的结果：第一个晶体创造了一种确定的量子叠加态，接着，第二个晶体以及后续对光子位置的测量，共同构成了对光子处于何种量子叠加态的测量！最后的结果之所以确定，是因为光子在穿过第一个晶体后就处于了确定的路径叠加态（但并非拥有了确定的路径）。

因此，在这个分光器实验中，光子有两种属性发挥了作用：其一是它处于“哪条传播路径”（P）；其二是它处于“何种路径叠加态”（PS）。在这个重要的时刻，运用反事实属性就能解释量子系统（比如光子）中这两种属性之间的关系。如果可能确定地预测P的值（水平或是竖直），那就不可能预测光子处于何种路径叠加态，反之亦然。当我们可以预测光子沿确定路径传播时，P这个属性就是“清晰”的（即光子位置有确定值），另一个属性PS就不清晰了：无法预测PS的测量结果。不过，当光子穿过第一个晶体后，路径测量的结果就变得不可预测了（它的位置P不再清晰），而另一种属性PS则相应变得清晰：测量光子位置叠加态的结果可以预测。P和PS这两种属性之间的关系就基于反事实属性，并且，我现在就要阐述，这种关系其实就是量子系统才有的著名“玻尔互补性”的核心——量子系统的不同属性（比如能量和位置，或者P和PS）不能同时以任意高的准确度测量得到。

那么，这一切和光子的理论信息属性又有什么关联？答案就在我刚刚揭晓的反事实属性中。从第3章中，我们就已经知道，可复制性就是信息媒介的一大特征。而你现在马上就会发现，复制任务其实比你想象的普遍得多。它绝不仅仅适用于计算机和其他数字机器，复制操作和对所有物质的测量操作本质上是一样的！从本质上说，测量某种特定属性的仪器其实就是这样一种系统：向它输入目标系统，它就输出该系统相关属性的真实值。举个大家都熟悉的例子，厨房里的秤就是一种测量质量的仪器。你向秤输入一定数量的面粉，它就输出这些面粉的质量。如果这个秤没有任何误差，那么我们向它输入1千克面粉，它输出的读数就一定是1千克；向它输入10千克面粉，它输出的读数就一定是10千克。因此，秤实现的转换其实和复制操作一模一样，因为它其实就是把目标输入的质量值复制到了它的显示屏上！我们刚刚得出了一个非常重要的新结论，也就是不同反事实属性之间的一种基本联系：可以复制的事物一定也可以测量，反之亦然。再举一个测量仪器的例子，那就是测量光子位置的仪器。这种设备的功能是这样的：拿我们在前文中举的例子来说，向它输入一个沿水平方向或竖直方向传播的光子，它就会显示结果“光子沿水平方向传播”或“光子沿竖直方向传播”。与秤类似，这个测量器其实也是把路径值（水平或竖直）从光子处复制到了显示器上。

鉴于“可复制性”和“可测量性”本质上是同一种属性，我们不妨把所有可以复制的属性（比如前面光子那个例子中的P和PS）称为“可观测量”，毕竟它们实际上都是可以测量的（也即可以观测）。

现在再回到光子的那两种属性上：一种是可观测量P，代表光子所在的路径；另一种是可观测量PS，代表光子处于不同路径的叠加态。P和PS就能编码一个信息比特，因为P和PS这两个可观测量都可以分别独立地被复制和测量。我在前文中提到，P和PS不能同时以任意高的准确度测量得到。换一种说法就是，不可能同时预测对这两种属性的测量结果：如果你能确定地预测P的值（水平或竖直），那就一定不能确定地预测PS的值，反之亦然。又因为复制和测量是等效操作，所以这也意味着，P和PS不可能同时被复制。多亏了基于反事实属性的信息理论，我们现在知道了不可能同时复制P和PS意味着我们不可能通过同时使用这两种属性以任意准确度储存信息。从另一个角度上说，如果你现在有一个测量器，或者说复制器，而它能很准确地测量或复制P，那它就一定不能同样准确地测量或复制PS，反之亦然。所以，我们当然也不可能同时使用P和PS发送信号——如果能可靠地用P

来发送信号，那就一定不能用这个系统中的PS同样可靠地发送信号，反之亦然。

这个结论不仅适用于光子及其相关属性，它适用于任何量子系统中的任何两种不能被约化为同一属性的属性。举个例子，电子围绕着原子核运动，它的速度和位置就是两个可观测量，但不能以同样的准确度同时测量。如果我们准确地测量了电子的速度，那就一定不能准确测量它的位置。这正是量子理论建立之初海森堡提出的“不确定性原理”，后来我们发现它是一般量子可观测量“不可克隆”定理的一个特例。这是量子信息的一大支柱，是量子系统与非量子系统的一大根本区别。

这就是一个有意思的重要结论：量子系统至少有两种可观测量，比如P和PS，它们不可能同时被复制，也不可能同时以同样高的准确度测量。显然，它表现了量子系统不可能出现的情况，因而是一种反事实属性。同时，它也是经典不可预测性（比如抛硬币）与肇始于量子叠加态的量子不可预测性（比如光子路径）之间的关键区别。

那么，以上是不是就涵盖了量子系统及其反事实属性的一切内容？答案是否定的。你还得理解另一种反事实属性才能全面了解量子信息媒介，这种反事实属性有关概率，它就是可逆性。

物理学中的可逆性通常是指某种变换逆向进行的可能性。只要某种变换可以进行，且其反向过程也同样可能进行，那么我们就称这种变换在物理学上是可逆的。你从桥的一头走到另一头，就是一种可逆变换（当然前提是这座桥没有突然垮塌）。将某个比特从0翻转成1，也是可逆的。不过，煮鸡蛋就不是可逆变换，鸡蛋掉在地板上碎裂显然也不是。

表现出量子性质的光子一定拥有这样一种反事实属性：它能够发生的所有变换都是可逆的。举例来说，如果你让光子从一侧穿过一个晶体，那么必然也可以让光子从另一侧穿过这个晶体。

总结一下，量子信息媒介是拥有下列反事实属性的系统：

1. 它至少拥有两种信息变量（比如P和PS），我们不可能以任意高的准确度同时复制这两种变量（信息变量的不可同时复制性）。
2. 涉及这些变量的所有变换都必须是可逆的（可逆性）。

量子信息的最小单位是量子比特（qubit）。光子、电子以及其他基本粒子都可以用作量子比特。完美的量子比特在日常生活中很难获取，量子通用计算机在实际操作过程中也很难实现，原因是：要想在保留物理对象其他量子属性的同时实现精确的可逆性极其困难。量子理论告诉我们，这的确可以做到，但只有在受到极其严格的控制的环境中才可以。我们身边的大多数光子（比如太阳光中的光子）在自然环境中经历的并不是可逆转变。只有在与外界完美隔绝的环境中制造光子，才能让它们发生可逆转变，但在通常情况下，光子都会以一种不受控的方式（这是我在第1章中提到的无设计定律的另一大例证）同许多其他粒子发生相互作用。如果你想得到具有完美可逆性的光子，那么它与其他所有粒子的这类相互作用也都应该是可逆的。这在技术上很难实现：这些相互作用实在是太多了，光是追踪它们就不容易！根据经验，系统越大，在保持其他量子属性的前提下取得可逆性就越难。至于有质量的其他基本粒子，它们要实现可逆性比光子更加困难，但在实验室高度受控的环境中还是有可能做到的。就我写作本书时的情况来说，要想让病毒那样大小的分子实现可逆性已经超过了我们目前的技术能力。原因在于，大分子的所有组成部分都可能以各种方式同环境中的其他元素产生相互作用。每多一次这样的相互作用，实现分子可逆性的难度就增加一分，因为要想逆转目标粒子的变换过程，就必须逆转它与环境之间产生的所有其他微小相互作用。粒子在与环境发生作用的过程中会同其他实体交换信息，除非所有这类信息交换都可逆，否则粒子就不能回到最初的状态。

即便是相对较小的系统，也同样可能在单一量子实验中同环境发生数不胜数的相互作用，因此我们面对的也是极为复杂的局面。我的同事马库斯·阿恩特（Markus Arndt）和他在维也纳的团队正在研发可以在保持粒子精细量子属性的前提下实现可逆性的神奇机器。而在谷歌、IBM和微软的总部，无数技术工程师正在努力实现大尺度上的可逆性，从而开发出更为可靠而强大的量子计算机，以充分利用量子现象的性能。

如果能同时实现量子系统的可逆性以及量子系统信息变量的不可同时复制性，就会出现许多令人惊喜的其他量子属性，而它们正是掌握量子信息处理能力的标志性特征。其中，最引人注目的一个是纠缠。

纠缠是量子系统最为怪异但也最为有用（同时也是最常被误解）的属性之一。但在充分理解这种量子属性之后，我们很快就发现，纠缠彻底改变了我们对复合量子系统（由至少两个子部分构成的量子系统）的认知。量子理论的先驱们已经了解到了纠缠这一概念。通常认为第一个提出纠缠概念的是量子理论先驱薛定谔，但直到量子计算诞生之初人们意识到纠缠可以作为量子计算的一种资源后，大家才充分了解纠缠这种思想蕴含的全部潜力。物理学家弗拉特科·韦德拉尔（Vlatko Vedral）在20世纪90年代率先开展了当时最为细致的纠缠测量实验，他经常拿这个领域的飞速发展开玩笑，“显摆”他当初只是靠着对难解量子现象背后基础的研究就在学术界拿到了一个职位。（曾经有那么一段时间，学术界鼓励对基础课题的探索性研究。遗憾的是，在目前的学术文化中，要想全身心地从事变革性的高风险项目越来越难了。）

当至少两个量子实体（比如两个光子，或者一个光子和一个电子）发生相互作用时，纠缠就发生了。纠缠量子系统的本质特征是，同时观察发生相互作用的两个量子系统所能获取的信息超过分别观察它们所获信息的总和。这个现象相当反直觉，而且完全脱离了我们的日常经验。举个例子，取围棋棋盘上两点，每个点都可能有两种状态：有棋子在点上（有子）或没有棋子在点上（无子）。每个点的状态就构成了一个比特。现在，我们把这两个点放在一起看，就有4种可能出现的状态：两点都有子；两点都无子；第一个点有子，第二个无子；第一个点无子，第二个有子。这4种状态彼此不同，我们看看这两个点就知道系统处于哪个状态。现在，用量子比特（比如光子）代替每个点，我们在整体考虑两个量子比特时，会发现它们可能出现的状态更多了——超过仅考虑它们各自携带信息属性而得到的4种。之所以会出现更多状态，就是因为两个量子比特会发生纠缠。和围棋棋盘上两个点可能出现的4种状态一样，与纠缠有关的这些状态也可以用来编码信息，但两者还是有区别。对于棋盘上的点，你可以通过分别查验每个点的状态知晓这两点总体的状态；但对于纠缠的量子比特，这么做行不通。也就是说，当两个量子比特发生纠缠时，只可能从整体（同时作用于两个量子比特）上提取信息，不可能从局部（作用于单个量子比特）提取信息。这个有趣的事实确实有些奇怪，但实际上也非常有用——比如，你可以利用这两个比特藏匿信息，就像把它们放到保险箱里一样。实际上，纠缠就是量子密码学的基础，利用不可能通过分别查验两个量子比特来掌握整个系统总体状态的这个事实，起到安全传输的作用。

我不会在此更进一步讨论纠缠这种属性，只想强调一个简单的结论：两个量子比特通过纠缠产生更多状态的这种可能性——在经典物理学领域完全找不到类似之事——起源于我之前提到的反事实属性。所以，现在就有了另一个有趣的结论：通过减少每个系统的可能性（也即限制复制特定属性，比如之前提到的P和PS的能力），就能在从整体角度考虑这两个量子比特时收获更多可能性——纠缠的可能性。海森堡不确定性原理的内容是，不可能同时准确测量一对不相容的可观测量，比如位置和动量，以及我之前举的例子，P和PS。这一原理大幅增加了量子粒子可能拥有的行为。宣称某种事物或操作不可能，反倒能让更多事物或操作变为可能，这听上去很奇怪，但在量子物理学中属实稀松平常。

在上文中，我已经指出了支撑量子系统特征属性的所有基本反事实属性，也提到了这些反事实属性是怎么深刻影响量子系统可能性的，比如通过纠缠和量子计算的方式。为什么确定量子现象背后的基础反事实属性如此重要？为了解释这个问题，我们必须进入一个尚未被完全探索清楚的领域。早晚有一天，我们会摒弃量子理论的现有形式，并把它升级成更为准确且更为普适的版本。物理学家期待这一天的到来，因为当前的量子理论与目前最好的时空及引力理论（爱因斯坦的广义相对论）不相容。广义相对论只能囊括非量子信息媒介，无法容纳量子比特。因此，广义相对论描述下的引力自然也无法与如今我们所知的量子理论的结构相容。于是，我们会很合理地期待，量子理论和广义相对论最终都会经过某种修正，合并成一种适用性更广的理论。实际上，理论物理学已经完成了几次伟大的整合：麦克斯韦的光理论和牛顿的经典物理学并不相容，但最终量子理论和广义相对论的出现解决了这个问题，把它们整合成了更为坚实可靠、适用范围更广的宇宙解释。

通过反事实物理学，量子信息媒介和经典信息媒介的特征就可以脱离量子理论或经典物理学的细节而独立表达出来。特定属性的可复制性、其他属性的不可复制性以及可逆性，就是我们可以脱离量子理论讨论的几种普适属性。借助它们，我们就可以把那些直觉上风马牛不相及的物质实体（比如光子、电子自旋、中子等其他粒子）联系在一起，因为它们的共同点就是拥有同样的反事实属性。可能与不可能的科学的威力就在于此：它可以在不拘泥于量子理论完整机制（由特定运动定律构成）的前提下表达量子系统的本质。这点非常重要，因为我之前也提到，现在的量子理论早晚要被更完善的理论取代。我打赌，即便量子理论最后逐渐退出物理学的历史舞台，我们在本章中探索的反事实信息理论架构也仍旧会留存，因为其基础比量子理论本身更加深邃。它们是足以活到下一场物理学革命之后的基本特征。

乍一看，我们周遭的环境似乎千奇百怪，事物各有各的特点，互不相同。不过，如果带着正确的科学探索精神，观察足够久的时间，同时提出合适的问题，并努力探索周围的一切细节，我们有时就会发现，那些看似无关的事物之间存在深入、紧密且鲜明的联系，而这种联系背后的基础是对看似无关现象的统一解释。举个例子，物理学告诉我们，质量和能量之间存在一种特殊联系，光速存在上限这一事实与时空的结构之间有特殊联系，测量器和复制器之间存在联系（前文中介绍过）。借助可能与不可能的科学，我们还完成了另一项统一：量子信息与经典信息，其实是同一套信息理论属性的两个方面。量子信息媒介是经典信息媒介的一种特例。相比后者，量子信息媒介还多了两种属性：可逆性和特定状态的不可复制性。量子信息媒介和经典信息媒介并不相同，但它们可以完美相容。公众普遍认为，量子世界脱离现实且不可理解，而经典世界则更加亲切且符合直觉。但借助可能与不可能的科学，我们可以弥合量子世界与经典世界之间的裂痕。

要想实现这种统一，总是需要我们剥离无关细节、提升理论的适用范围和可靠程度。你我都在探索构成物理世界的最基础的部件，以期更深刻地认识自然，而上述研究方法无疑会在这个过程中发挥重要作用。物理大厦建成之后，必然是优雅、简洁、美观的，而反事实属性就是这幢摩天大楼最基本、最可靠的元素。

与幸运龙一起飞行

安妮热切地希望自己的英语老师是个有趣、热情、博爱、宽容的人，但在上学的前五年里，她发现实际情况与上述期望完全不沾边。

安妮的英语老师是桑希尔小姐。自从9月一个阳光明媚、秋高气爽的日子，桑希尔小姐第一次与学生们见面时起，安妮就明显地感受到了这位老师的冷漠与坏脾气。那是安妮第一天上学，她对学校生活充满期待，对英语老师期待尤甚。安妮喜欢听故事，也喜欢读故事，上学之前，她甚至觉得英语课就是讲故事的课。然而，英语老师自从踏入教室的那一刻起就无情地把安妮的幻想击得粉碎。那天，桑希尔小姐绷着脸，紧抿着嘴唇做了自我介绍，连一点儿笑意都没有，眼神也没有与任何一个学生有接触，而是聚焦在远方的某个点上，迷失在教室后墙的淡蓝色涂料中。在第一次亮相的时候，桑希尔小姐就猛烈抨击了孩子们发明和想象的念头：她要学生们彻底忘掉那些童话故事里的无稽之谈，确保他们掌握正确的语法，并且能够做对课后作业里的选择题。

桑希尔小姐的课枯燥乏味，满是需要死记硬背的概念，学生们感受不到任何获取知识的快乐。从第一天起，安妮就知道未来的英语课一定不好过。她想要尽可能地享受课程，但确实做不到。她想要尽可能地喜欢上老师的教学方法，但也同样做不到。

安妮是一个想象力丰富的女孩——当然，大多数孩子都想象力丰富，但安妮想象的内容却有些与众不同。从她记事起，她的脑海里就不停地迸发出各种故事——而且不只是在书上读到的故事。她的一大秘密乐趣就是在独处的时候编故事讲给自己听。她甚至会把故事表演出来，模仿故事里的人说话。她当然知道这些都不是真的，但她就是很享受这种舞台表演。随着时间推移，安妮学会了写作，她开始在秘密笔记本里写下最满意的一些故事，然后同朋友们一起表演。

安妮还想了一种聪明的方法熬过难以忍受的英语课。她会把现实中讨厌的东西想象成她喜欢的东西对待。比如，安妮构思了一位老师——她喜欢的那种老师，和所有优秀老师一样，也是学生的益友。

安妮幻想的这位老师并不普通，他的名字叫法尔科·幸运龙（Falkor the Luckdragon）。幸运龙这个名字来自米歇尔·恩德

（Michael Ende）的小说《说不完的故事》（*The Neverending Story*）中的同名角色。不过，安妮想象中的幸运龙个性更加丰富。在小说中，幸运龙是一条威严的白龙，披着华美的鬃毛，纤长的爪子末端长着锋利的弯曲指甲。它的灵魂由纯粹的思想、乐趣、欣喜组成。但安妮的幸运龙还擅长英语、科学、哲学，尤其精通认识论，并自称自然哲学家。安妮是在历史课上听到这个词的，历史老师说，牛顿就是一位自然哲学家。安妮对这个概念很是痴迷，便立即将其编进了自己的故事里。于是，每当桑希尔小姐做了什么特别令人讨厌的事，安妮就会撰写一个完全不同的故事以抵消其负面影响，而幸运龙总是那些故事里的主角。

有一天，安妮在回家的路上又觉得需要写个故事了。那天，桑希尔小姐立下了一整套规定，目的是希望学生们离校时更加顺利（在她的脑海里是这样）。她规定，学生们离校时必须在她身后排列成整整齐齐的“鳄鱼”队列（两两并肩，依次排开），然后跟着她走到学校大门口，途中一个字都不能说。抵达大门后，学生们才能解散队列，以无序的自然状态离开学校。更糟糕的是，学生们没法自己选择和谁并排走，为他们做选择的当然是桑希尔小姐。

到家的时候，安妮已经想出了一个绝妙的故事，是时候再次召唤幸运龙了。此外，她这一次还打算往故事里增添一些其他元素：母亲的一位朋友曾告诉她一些有关量子理论的神奇结论。母亲的那位朋友是一位物理学教授，研究领域是一种叫作量子信息的东西。他告诉安妮的都是些量子算法方面的内容，这类算法可以在一种叫作“量子计算机”的未来机器上运行。当时，安妮已经积累了不少有关量子计算机的有趣结论，现在就准备把它们用在新故事里。安妮端着一杯伯爵红茶，带着一些饼干和牛奶，坐到了房子中她最喜爱的角落，开始写作。

我不记得和幸运龙的对话最后究竟是怎么结束的了，只记得那是夏末的一个下午，对话的主题是“限制”。我们坐在幸运龙家后面的小花园里。他啜饮着英式早茶，吃着我在其他地方从未见过的花生点心。而另一边的我，则在大肆抱怨，抱怨各种各样的限制。

“我觉得施加限制条件总是会让事情变糟。我讨厌老师制定各种各样没有意义的规则，那些东西让我很烦。在这个方框里打钩，在那个方框里打钩。要这么做，不要那么做。我们必须遵守的所有这些‘能与不能’到底有什么用？”

“安妮，我理解这种挫败感。学校的规章制度确实大多是没有意义的。要是每个孩子都能和老师一起从个体的角度出发为每一种情况制定规矩，那肯定会好很多。但那就不再是真正的学校了。”

他轻轻叹了口气，慢慢用爪子挠着自己的腹部，然后又简单地说了句话，把思路接了下去：“不过，有些限制是好的。有些甚至非常棒。”

我很是迷惑，没想到幸运龙会说出这样的话——他之前总是强调灵活和选择。我想了一小会儿，然后问道：“你是说艺术或者文学领域的限制吗？那确实是的，但你可以随意修改那些限制，可以根据你觉得更好的方案不断改进，所以这些领域的限制并不是真正的固定限制。”

“不——我指的是那些真实存在的、不可改变的限制，有时候这种限制确实能增加可能性。”

“真的吗？不可能吧。怎么会这样？”我对幸运龙的观点很是怀疑，但又热切地想继续听下去。

幸运龙把身体调整到了一个更舒服的姿态，同时尾巴盘得更紧了。它白色的鬃毛在夏天傍晚的阳光下闪闪发光。这个时候，勤劳的蜜蜂仍旧在忙着它们的活儿，围绕着薰衣草丛嗡嗡作响。

“就是这样，”幸运龙继续说道，“我之前跟你提过量子理论，它是目前我们拥有的解释宇宙的最基础理论之一。这种理论的一大要求就是限制。其中最主要的限制之一就是，存在某些系统状态，你不可能完美地区分它们，哪怕它们在物理层面上截然不同。”

“不可能完美区分……”我慢慢地自己重复道，“这是不是说，无论我多么努力地去区分它们，也不可能做到？”

“是的。用物理学家的话来说就是，完全可靠的区分过程，或者说完美的类复制过程，不可能出现。于是，你就不能利用这些状态向远方的船只发送信号。如果你试图那么做，那就很可能会失败。”

“好吧。但这显然支持了我原来的观点：限制约束了可能性——我猜这总不是件好事。”

“并不一定。限制可能是一些重要之事的开端。实际出现的情况是，如果你把都拥有那种属性的两个系统放到一起，由于这种限制的存在，你不可能完美区分它们的状态，于是你就可能创造出全新的属性。其中之一叫作‘局部不可获取信息’。这就是说，你可以以一种绝对安全的方式把秘密信息藏在这两个系统中。请注意，我说的是‘绝对安全’。除非你把密钥给别人，否则全宇宙都没有人可能读到这些秘密信息。实际上，量子密码学就是建立在这个基础之上的。”

“真的吗？”

“没错。”

我仍旧不是很相信，这听起来有些不可思议。“那我们是怎么知道这些的？”

“这个嘛，量子理论告诉我们，事实就是这样的。换句话说，这个理论告诉我们，局部不可获取信息的确是可能出现的，并且还告诉我们怎么创造出这种情境——这涉及一种叫作‘纠缠’的量子现象。而这些都是物理系统受到了某种限制的结果——在这个例子中是不可能复制。”

我很是兴奋。幸运龙刚刚完全改变了我对限制的看法。

写完这个故事之后，安妮觉得好多了。她甚至能做完英语作业了，哪怕桑希尔小姐的身影还是时不时地在她脑海中浮现。第二天放学的时候，安妮照例要穿过铺着黑白砖的校园去学校前门。这一次，她停了下来。安妮突然想到了一个游戏——她从一块白色地砖跳到另一块白色地砖上，完全避开了所有黑色地砖。她想象，踏上黑色地砖就会坠入无底洞。这真是个有趣的游戏。

安妮笑了，因为她刚刚发现了限制的另一种好处，就像在量子理论中那样。禁止踏上黑色地砖为收获乐趣创造了更多可能。安妮大受鼓舞，思绪飘到高空，以幸运龙的速度在云层中穿行。

第 5 章

知 识

在本章中，我会介绍，任何切实发生的转变都需要一种通用**催化剂**——一种能够执行相应转变并且保有再次执行此类转变能力的实体。此外，所有催化剂必须包含一种由知识（可以自我保存的信息）构成的**抽象催化剂**。

小时候，我经常在祖父母房子后面的花园里探索，还有了一个惊人发现——当然是当时的我认为的“惊人”。花园草地里藏着一个圆形的洞，大概有一枚硬币那么大，洞口几乎是完美的圆形。我只能窥见洞里的泥土，其他什么都看不到。这个洞一路倾斜着滑向地下，就像是一条黑暗隧道的入口。我的兴致马上就来了:《爱丽丝梦游仙境》的故事就是从花园里的隧道开始的。遗憾的是，我发现的这条“隧道”太窄，没法带我去任何地方。它看上去更像是某种微型小生物的家。我找来一些青草和几片叶子，放在洞口，期望把这个小东西引诱出来。然而，什么都没发生，我就忙别的去了，那天也就没有再理会这个洞。不过，第二天，我还是去查验了一下。洞口已经恢复了原来的状态，同前一天一样整洁：没有任何青草、叶子、石子之类的堵在洞口，一切都很有序。看到这番场景，我又兴奋了起来：到底还是发生了一些事。

之后，我又重复了这个实验几次。无一例外，洞口总是会在几个小时后被清理干净。洞口总是会恢复原样：日复一日，它总是会保持同样的大小，同样的形状。即便是有一周下了瓢泼大雨，这个小洞的样子也没有丝毫改变。最后，我发现洞里确实有东西，不过没有爱丽丝发现的那个仙境那么令人兴奋。这个洞实际上是一只蝼蛄的巢穴。有人以为蝼蛄是种杂交动物（其英文名是mole cricket，字面意思是“鼹鼠蟋蟀”），但事实并非如此，实际上，它是一种昆虫。蝼蛄的体型比更为常见的蟋蟀更粗短，外表看起来就像是一辆微型黑色装甲车。它会在泥土里打洞，然后在洞里产卵、储存食物，甚至会把其他昆虫引诱到洞口附近再捕捉。洞下面的“隧道”是倾斜的，这样一来，猎物只要坠入洞中就会滑入洞底，蝼蛄就能大快朵颐了。

我持续不断地“骚扰”着这个洞穴，直到有一天蝼蛄不再恢复洞口的原状。我猜测它是离开了，可能是因为总是要清理洞口的障碍物让它很烦。我之所以知道它不在那儿了，是因为我发现，我在洞口人为搞的“破坏”，以及其他自然出现的变化，都没有被修正。又过了几天，这个洞就在4月丰沛的雨水下慢慢消失了。

这个以花园和蝼蛄为主题的故事其实也完美地展现了一个反直觉的普遍事实：我们周遭切实发生的大多数变化，或者说转变，都需要某些事物保持不变。就这个故事来说，产生变化的是洞周围的泥土和青草，保持不变的是蝼蛄。准确来说，蝼蛄只在某些方面保持不变，即那些让它有能力修整洞穴的特征，比如它那外形如铲子一般的强壮前肢，其边缘甚至有锯齿状结构，方便蝼蛄高效地挖掘泥土。这就保证了小洞能够长时间保持大致相同的形状，抵御环境的无情侵蚀。

我刚才已经提过，这是一个普遍事实。任何以高精确度切实发生的转变（比如造出一个洞口呈近完美圆形的隧道）都需要某些能够使这种转变反复发生的事物（比如蝼蛄）保持不变。这种事物必须一直保有这种属性，因为它是转变切实发生的必要条件。就花园那个例子来说，为了把小洞改造成我看到的那个样子，空间、泥土、蝼蛄这样的元素都必不可少。不过，正如我所说，在洞口改造前后保持不变的只有蝼蛄的某些方面：泥土会被雨水反复冲刷，空间会被洞占据，只有蝼蛄，它的一些关键特征在其生命周期内基本保持不变。

像蝼蛄这样能够执行转变，并且保有反复执行转变能力的事物，应当拥有一个统一的名称，催化剂这个名字就很贴切。不过，读者在理解这个词时请务必谨慎，因为我虽然是从化学中借用了这个术语，但在此表达的内涵远远超过化学催化剂本身。化学催化剂的作用是让化学反应进行得更加稳定、迅速，而且它们拥有反复这么做的能力。在化学中，催化剂起到的更像是促进作用。即便其他所有试剂都在，但如果没有催化剂，目标化学反应就可能需要很长时间才能发生，试剂甚至可能会因为先发生了其他反应而被消耗。不过，如果有催化剂存在，那么化学反应就能确定且迅速地发生。化学催化剂与参与反应的其他试剂有一个区别，那就是前者在化学反应前后不发生变化，而后者必然发生变化。因此，我用“催化剂”这个术语代表那些能够引发转变同时又保有反复引发此类转变能力的系统，就像故事中的蝼蛄一样。

那么，一般意义上的催化剂（不仅是化学意义上的）性质为什么值得我们关注呢？要想解释清楚这个问题，需要深入认识催化剂与我在第1章中介绍过的知识之间的联系。

原因在于，大多数系统都会在参与的化学反应过程中产生变化（系统在反应前后并不一样），而催化剂在反应前后保持不变。此外，物理学中的大多数转变也不会切实发生，它们也同样需要催化剂才能展开。而催化剂，以及能够以高精确度执行的转变，实际上很难实现。

部分读者可能会怀疑“很难实现”这个结论，它听上去太主观了。毕竟，对于某些人来说难以实现的目标对其他人来说可能会很容易。但实际情况并非如此。“很难实现”的含义是相当客观的，是由物理学定律决定的。按照物理学定律，如果某种过程发生需要满足的条件（需要提供的元素）多于另一种过程，那么前者就比后者难以实现。这就是一个客观的概念，因为自然世界中的基本元素（比如能量、时间、基本化学元素等）都是由物理学定律决定的。

瞧瞧周围，看看哪些事物或转变是不那么难以实现的。物理学定律为我们提供了大量像基本粒子和场这样的事物——按照现代物理学理论，我们用这些实体来解释基本粒子及其相互作用的存在。举个例子，当我们看到光子或电子受到经典力学中静电力的吸引时，只需要通过物理学定律就能解释这个现象。我把像场和粒子这样宇宙中大量存在的事物称为“自然发生系统”。同样，只需要物理学定律就能充分解释的相互作用，就被称为“自然发生作用”。

在所有这些自然发生系统和作用中，的确有一些能够切实、准确发生的转变，比如行星环绕太阳运动的轨道基本上呈椭圆形——所以，我们可以说，用椭圆轨道描述行星的做法与真实情况非常接近。这个现象其实就是自然发生作用的直接结果，因为引力势的对称性必然会导致行星轨道（近似）变成这种形状。在这个例子中，为了能以高可靠性执行转变而必须保持不变的事物——催化剂——正是这个现象背后潜藏的物理学定律，无需更多解释。

然而，物理世界中的大多数转变并非如此——它们还需要更多内容才能解释。要想保证以高精确度执行这类转变，还需要一些非基本的催化剂。再想想花园里的那个洞，想想它形成与反复被修正的过程。仅使用物理学定律无法直接解释这个现象，因为没有任何自然发生的相互作用能让草地里出现这样一个小洞并且以相当高的准确度保持这个状态，这点与行星轨道大为不同。当然，蝼蛄在草地中挖出的这个小洞肯定也符合物理学定律，但要想解释它为什么会始终以这个样子存在，只靠物理学定律是不够的，必然也要涉及其他内容，包括蝼蛄。类似，要想解释大部分以高准确度切实发生的转变，也都需要物理学定律之外的内容，也就是必须涉及催化剂概念和以反事实属性为基础的信息概念（我们已经在第3章中给出了信息的定义）。此外，这里的信息是一种可以自我保存的特殊信息（我在第1章中称其为“知识”）。换句话说，要解释大部分转变是怎么以高准确度发生的，需要用到一种新的反事实属性。

这类信息的最佳定义应该是：如果你不想让某种转变切实发生，那就必须剔除的事物。我马上就会介绍，要实现这个目标有两种主要方法。至于具体是什么，我们还是回到蝼蛄的巢穴这个故事上来。

这个洞显然是由花园中一定量的潮湿泥土构成的。换句话说，一定量的泥土转变成了这个洞和一些废料——毕竟挖洞时肯定要把一些泥土移到洞外。等到洞挖出来之后，也就是转变已经切实发生了，我们要做的就是保证它之后还能反复发生。正如我之前所说，蝼蛄的存在保证了这一点。蝼蛄就是这一转变反复发生的必要条件。此外，蝼蛄促使这种转变反复发生的能力始终保持不变。

在这个过程中，一种确定可以阻止转变发生的方式是，移除可供蝼蛄使用的泥土，换句话说就是限制转变发生必需的原料。另一种方式则是通过某种手段改变蝼蛄（催化剂），阻止它挖洞，比如，杀死蝼蛄看上去就足够了。不过，所有园艺师都知道，这种看似可行的方法其实很有问题：想要自家花园里不再有蝼蛄挖洞，可比杀死某只蝼蛄难多了。杀死一只蝼蛄，它还有后代和亲眷，它们仍旧可以在你的花园里漫游并且四处挖洞。即便你杀死了花园里所有蝼蛄，它们仍旧会留下某些痕迹——蝼蛄的基因组。我在第3章中说过，基因组是一种信息，因为它可以复制（通过DNA复制实现）。因此，你真正应该消灭的其实是蝼蛄的基因组这个信息。如果做不到这点，那么即便你暂时消灭了全世界的蝼蛄，实验室也可以让它们复生，就像电影《侏罗纪公园》里的恐龙复活一样，接着，它们又可以像以前那样反复地在花园里挖洞。因此，如果你想让蝼蛄挖洞的行为永远停止，蝼蛄基因组携带的信息才是必须消灭的。

要想阻止所有由生命实体引发的转变，都必须消灭其基因组。有一个奇怪的故事就很好地体现了这个结论，故事收录在我父亲特别喜欢的一本老科幻书里，我现在已经想不起它的题目了，但对具体情节仍旧记得很清楚。那个时候，我喜欢坐在父亲的扶手椅旁边，迫切地想看看父亲在读什么，最后他只好把故事读出来给我听。他在读故事的时候，还会修改其中的一些细节，因此，我现在不敢肯定父亲讲述的故事在多大程度上忠实于原著，不知道有多少内容是他杜撰的。

总之，这个故事的背景就是某个外星文明受到了某种由细菌感染引发的可怕传染病的折磨（想想这几年的新冠肺炎疫情，我们想必能感同身受）。为了消灭这种传染病，他们开发了各类化学药物，但他们对疫苗、细菌和DNA一无所知——换句话说，他们根本不知道疾病是怎么传播的。随着故事情节的推进，一支人类探险队来到了这个文明所在的星球，并且决定帮助这些外星人。人类掌握了一种秘密武器——他们准确知道编码致病细菌的DNA序列。接着，他们使用某种未来科技（我们到今天都没开发出来！）制造了一支纳米机器人军队。这支军队里的每一个成员都知道编码传染病细菌的DNA序列，他们的任务就是找出这种序列并且消灭它们。就这样，所有相关细菌都被消灭了，故事似乎迎来了一个圆满的结局。然而，等到人类探险队离开之后，一些恐怖分子掌握了纳米机器人内置的程序——其中包含有关疾病细菌DNA的信息。他们以这个程序为基础，创造了原来那种疾病细菌的升级版，而且能够避免自身DNA被操控。故事余下的内容就是人类探险队回归并且成功阻止了这种新型细菌的传播。故事的结局仍旧美满，但总让人觉得细菌DNA仍旧藏匿在某个地方，随时可能令疫情卷土重来。

这个故事也为我们感兴趣的那类信息的定义提供了又一个例子。纳米机器人的内置程序要求它们消灭的究竟是怎样的实体？有人认为是疾病细菌赖以生存并传播的DNA分子，但这并非确切的答案，因为纳米机器人的内置程序中也包含同样的信息，但那不是DNA分子，而是一系列拥有特定属性的比特，即某种拥有特定属性的信息。那么，这些特定属性是什么呢？

首先，其中必定有一种让生命体得以形成并且展现所有相关行为的属性。拥有了这种属性，信息就能促成相关转变并且在转变前后保持所有相关属性不变，用我们之前介绍过的术语来说，这就是一种催化剂。

然而，基因组并不是普通的催化剂。它还有两种属性：其一，它是信息，因为它可以在DNA复制的过程中被复制；其二，它保证了自身可以在物理系统中以实体化的形式代代相传，因为它所编码的生命体可以在特定环境中一直存活下去。我把这类信息称为“抽象催化剂”。如我之前所说，称它为“催化剂”，是因为它可以促成某种转变，并且保有反复促成该种转变的能力。说它“抽象”，是因为它的性质不依赖它所在的物理系统——它可以在不改变自身属性的前提下从一个物理系统被复制到另一个物理系统中，既可以在DNA里，也可以在纳米机器人的程序里。按照我们在第3章中立下的标准，抽象催化剂由信息构成，因为它可以被复制。此外，它还是有能力自我保存的信息，按照我们在第1章中确定的术语，它还包含知识。

在继续深入探讨这个问题之前，我还得澄清相当重要的一点。我刚才提到，催化剂可以促成，或者说引起，物理系统的转变。说实话，“引起”这个词现在已经受到越来越多的批评，在物理学圈子里尤其如此，因为它会让人认为两种事物之间存在必然的因果关系。称催化剂有能力引起某种转变，很容易令人误认为催化剂就是该转变出现的唯一原因，但事实并非如此。我们说催化剂“引起”某种转变，仅仅是指这种转变只能在有催化剂的情况下发生，并且催化剂始终保有反复促成这种转变的能力。

在物理学中，很多有关“引起”的概念都有问题，且看上去比较武断，但我们现在说的这个并不在内，因为判断某个系统是不是催化剂是有确定标准的，结论是明确的。举个例子，我们可以说，产生蓝藻细胞的催化剂就是通过自我繁殖产生子细胞的亲本细胞。亲本细胞就是可以通过DNA中的信息产生子代细胞的细胞。而在我们的语境中，DNA和细胞其余部分就是转变发生所需的全部系统，且其促成转变反复发生的能力在转变发生前后保持不变。保有这种能力正是催化剂独有的客观特征，是环境中其他元素所没有的。对于任何在物理现实中切实发生的转变，我们都可以明确地找出其中的催化剂。那些有能力促成转变，并且始终保有反复促成此种转变能力的事物就是催化剂，我们可以把它看作转变发生的原因之一。

要怎么区分抽象催化剂和其他类型的信息？为了回答这个问题，我们就需要寻找可以促成转变并且具有恢复力的信息。在这个问题上，生物学似乎又为我们提供了一个非常有用的例子。想想植物，就比如利古里亚海岸边的海岸松树。这种植物香气十足，还没望见树木本身时你就能远远地闻到。（雨后，海岸松树会释放一种叫作“松烯”的化学分子，从而让空气中充满它独有的那种香气。）走近之后，你就能近距离观察海岸松树枝丫上排列的绿色小针叶。要是再放大一些，就能看到海岸松树的细胞；再再放大，就能看到细胞内的DNA双螺旋。

好了，现在我们来寻找海岸松树细胞内的抽象催化剂。细胞内DNA双螺旋中的每个部分都包含我之前解释过的那种信息，这是因为DNA双螺旋可以复制。当细胞自我繁殖时，DNA双螺旋就开始复制了，双螺旋中的所有内容都在这个过程中被复制。

然而，DNA双螺旋中只有部分片段编码了有意义的事物，也就是生物学家所说的适应性。适应性（我们在第1章中提过）是DNA信息中的一个片段，它有能力让DNA所在的生命体体现出某种特征：我们称它编码了这种特征。举个例子，DNA中有片段编码了海岸松树针叶的颜色，比如它标志性的青绿色。然而，并非所有适应性都具有恢复力——恢复力是抽象催化剂的另一种显著特征。要想在特定环境中具有恢复力，那么适应性就必须有用：它必须在那个环境中提升编码它的基因传递给下一代的概率。举个例子，假设某种适应性会让松树的叶子变黄，那么如果环境中存在以黄色植物为食的昆虫，这种适应性就没用了。虽然它也能引起物理系统的某种转变，但因为不具有恢复力，它就不能算是抽象催化剂。反过来说，如果某种适应性让松树的针叶颜色变暗，那它在阳光强烈的环境中就会有用，因为它能保护针叶免受致命紫外辐射的伤害。有用的适应性保证了具有促成转变功能的信息能够留存下去——生物的存活让这种信息拥有了恢复力，它也因而成了抽象催化剂。因此，DNA片段中的信息并不必然是抽象催化剂，最关键的还是这种信息能否让自身代代相传，从而以实体化的形式在物理系统中留存下去。从这个生物学的例子推广可以得出，能够促成物理系统发生转变的信息要想成为抽象催化剂，必须同时具有恢复力。

因此，催化剂就是能够促成转变且保有反复促成转变能力的系统。抽象催化剂则是可以复制且能自我保存下去的催化剂，它们是由具有恢复力的信息（也即我们所说的知识）构成的催化剂。现在，我要介绍另一个有趣的结论：*所有催化剂都必须包含一种抽象催化剂*。换句话说，无论催化剂催化的具体转变是什么，它都必然包含某些不会改变的属性，而且这个不会改变的属性必然由知识构成。我马上就会向你证明，这个重要结论源于宇宙中的某种物理学定律结构。

现在，让我们考虑一个造飞机的例子，想想它们是怎么从空客公司工厂里的一个个基本构件最后变成大飞机的。所谓基本构件，就是飞机的子部分——比如机翼、发动机、座位、升降轮等。但从更一般的角度上说，我们可以认为生产飞机的整个过程建立在一些更为基本的实体之上——比如金属、塑料，或者类似的材料。而整个工厂就是这种转变的催化剂。

那么，这里面的抽象催化剂是什么呢？正如我之前所说，它一定是如果我们想让工厂停止生产飞机就最终必须消除的某个部分。假设我们现在对工厂做一些小小的调整——比如，给生产线引入一些瑕疵。如果这家工厂运营良好，那么很快就会有人发现这个错漏，并找到解决问题的方法，迅速恢复生产。于是，这个小小的改变就不会对产品造成什么影响。然而，如果你破坏了生产飞机的指令序列或是修理工厂的指令程序，那么这家工厂可能就不得不关门了。因为工厂要想生存下去，就必须能正确复制生产飞机的配方，也就是说，这种配方才是保证工厂常年开办下去的抽象催化剂。

具体说来，这种配方的内容就是以工厂标准规定的精度实现飞机生产过程的一系列指令。换句话说，我们必须按照配方上的指令，一步一步按顺序执行，才能将那些金属焊接成飞机的外形。飞机的生产流程要想顺利可靠地进行，一份建造性能优良飞机的配方必不可少，因为最后生产出来的产品是要按照配方上写明的流程加以核验的，如不符合要求，就得重新生产，直到符合公司质量监控部门的要求为止。此外，这份配方还必须可以长期保存（比如数十年），这样工厂才能不断生产飞机。有的时候，我们可以对配方做一些细微的改进，但它要确保工厂生产出安全、快速的飞机的这点一定不会改变。因此，尽管工厂里存在许多不断变化的事物，但有一件非常重要的东西保持不变，那就是让生产出来的飞机满足工厂标准的信息，而且这种信息可以一代又一代复制下去。一旦失去这种配方，工厂也就倒闭了。即便将来有哪个外星文明找到了这座飞机生产工厂的遗址，要想让它重新运转起来，也仍然需要找到（或自己想出）这个飞机生产配方。因此，这个配方就是由知识构成的抽象催化剂。

为了与我们了解的物理学内容相容，这种配方在形式上一定是一些基本步骤的序列或者组合。要想理解这背后的原因，就一定要明白，物理学定律不包含任何保存或创造像飞机这样复杂实体的方案流程。如果飞机停在沙漠里一段时间，没有人检查、修理，那它很快就飞不了了。正如我在第1章中所说，物理学定律直接保存的仅仅是基本粒子、基本相互作用和基本对称性。物理学定律是“无设计”定律。因此，物理学定律只能提供非常简单的几类不需要配方就能切实发生的转变——都对应自然发生的相互作用。这都是些自发发生的转变，比如铝表面涂层的氧化，又比如烤箱里蛋糕上方的空气分子加热蛋糕表面。这类转变都是一些基本步骤，无需进一步的维护就能稳定发生。实际上，它们甚至都不需要以配方的形式明确下来，因为它们就隐含在物理学定律之中。我刚刚已经揭示了抽象催化剂的出现规律：它们必须以配方的形式实现，即一些与最后输出产物无关的基本步骤的序列，其中每一个步骤都不需要进一步解释，可以视为物理学定律的直接结果。

配方必须由基本步骤构成，且其中的每个步骤都与物理学定律相容，这也解释了所有催化剂的另一个特征。在生物学中，这个特征叫作“设计的外观（更好的说法是幻觉）”。其含义是，各个不同的部分相互联系在一起，其中每一个都与特定功能直接相关，即每一个部分都与实现配方中的某个步骤紧密联系。而每个部分都与某个特定功能直接相关意味着，如果你稍加改变，它就无法实现原功能了。因此，只要看到某种事物长期拥有“设计的外观”，你就能合理地推测它包含某些抽象催化剂。

我在前文中说过，物理世界允许的大部分转变都必须在催化剂的帮助下才能真正发生。我也指出，所有催化剂都包含某种抽象催化剂，而后者本身由我们在第1章中介绍过的知识构成。而知识完全由反事实属性定义：它是有能力以实体化形式始终留存于物理系统中的信息。和大多数对知识的定义不同，这种定义的优点在于，它不依赖于任何有意识的主体。人们长期接受的传统知识定义大多将其看作与人类相关的主观概念，即认为知识的存在依赖于某种具有感知力的生物，比如人类。换句话说，知识只存在于意识之中。按照这种定义，知识就与物理学定律没什么关系了，只能是主观观念。相比之下，从反事实属性角度看待知识（即抽象催化剂的组成部分）就完全不同了。区别主要有两点：其一，由反事实属性定义的知识是客观存在的（无论有没有具有感知力的生物，它都存在）；其二是，它可以成为物理学研究的课题。正如我所说，熟悉哲学家卡尔·波普尔的读者会在这个概念的特征中识别出他提倡的方法论的主要特征。不过，借助可能与不可能的科学，我成功地将知识与物理学联系在了一起，这就超越了方法论的领域。之所以能做到这一切，都是因为我们使用了反事实属性。实际上，在物理学中已经发现了一些只有用反事实属性才能解释的现象。举个例子，人类在某个阶段意识到，所有发动机都会使用某种能量（热），并且会将其中的一部分转变成其他类型的能量（功）。接着，我们自然就会想到如何表达与这两类能量相关的定律——这就是热力学的源头。在有关知识的这个例子中，我们也会很自然地想到：知识可以凭空产生吗？知识可以凭空消失吗？知识可以从一种形式转变成另一种形式吗？这一系列问题很深刻，目前只能说是部分解决了。可能与不可能的科学为我们提供了一个研究知识的客观抓手，借助它为我们提供的工具，我们可能在未来的某一天完全解答上述这些问题。

我撰写这部分内容的时候，正坐在伊斯坦布尔市中心的一家咖啡馆里，身下几米就是古迹。我欣赏着这些古迹的屋顶、尖塔和穹顶，品着茶水——上茶仪式已经延续了几个世纪——观察着蜷缩在深红色沙发里的高贵的波斯猫。通过可能与不可能的科学，我意识到周围的这一切都联系紧密。它们具有的恢复力是某种可以代代相传的抽象催化剂的副产品。传统观点认为，知识与人类这样具有感知力的主体联系在一起，因而否认知识是一种实质性的事物，否认其研究价值。但借助可能与不可能的科学，我们就拥有了看待这个问题的全新视角。于是，我们发现抽象催化剂与人类没有丝毫关系，它们促成转变的能力是客观存在的。实际上，知识与创造知识的实体就是宇宙中突出的重要属性。但知识与创造知识的实体的重要性并不是像某些宗教解释一样，由于某些教条观点而产生的。知识是宇宙中的物质具有的一种特殊属性——抽象催化剂存在时，知识便存在。此外，研究知识的规律是一件很有意思的事。知识是怎么产生的？是怎么演化的？知识是否能持续地无限增长？借由以反事实属性为基础的这种方法，知识成了真正的物理学问题。我们或许可以在未来某一天将其彻底解决。

起风了

意大利的里雅斯特，REBUS航空公司所在的产业园万籁俱寂。无月的夜晚，一切都笼罩在墨色之中，除了一层机库的一扇小窗。机库内，一盏油灯照亮了红木书桌的表面，上面到处都是书籍、工具和草图。一位年轻的女性盘着腿坐在桌旁沉思。她的名字叫茱莉亚，此刻她正聚精会神地看着面前的图纸——如果足够幸运，这将是她担任REBUS总工程师后的第一份修理工作。那是一架轻便、灵活的小型飞机，但是发动机出现了严重故障。飞机的名字KIKI以深红色的大写字母被涂在了机身两侧。

油灯在墙面上投射出长长的影子，不停摇曳。飞机就像是一头沉睡的金属巨兽，一动不动。茱莉亚盯着它，轻轻地叹了一口气。让她不舒服的并不是修理飞机的任务本身，而是不得不在如此匆忙的情况下完成工作。第二天就是任务的截止日期了，她只剩下几个小时的时间。实际上，要是能早点开始的话，时间完全是够用的。早在一个月之前，飞机的主人兼飞行员康拉德·A. 埃克哈特就委托了修理工作。一辆专用卡车先行把飞机运了过来，康拉德几天之后来到航空公司讨论修理任务的细节。发动机故障在他之前驾驶飞机的时候就已经出现了。当时，他成功地在的里雅斯特附近的田野里紧急迫降，飞机差点儿就撞上了一大群羊，最后在一片绿色牧场中间停了下来。有很多人对这个事件津津乐道，因为在1921年，飞机还不常见，更不用说在康拉德紧急降落的乡间地区了。

康拉德是个传奇人物。他大部分时间都在天上度过，驾驶过各类飞机。飞行之余，他会远离喧闹的人群，在亚得里亚海的一个小岛上研究他最感兴趣的事：理论物理学与概率论。他还因言语粗鄙和行为鲁莽而恶名远扬。于是，的里雅斯特的人们几乎总是在背地里议论康拉德，对他的私人和公共生活品头论足，议论他的冒险生涯。

在见到康拉德本人之前，茱莉亚也听过有关他的诸多离奇故事，但见到他本人之后，康拉德的随和、温柔让她有些意外。那天，康拉德衣着寻常、毫不起眼，还戴着他在所有场合都会戴的暗绿色围巾。他的眼睛是灰绿色的，很是特别，在茱莉亚看来，就是山里的两汪平静湖水。茱莉亚本人比较内向、安静，康拉德言简意赅的表达令她马上放松了下来。康拉德操着一口近乎完美的意大利语，要求茱莉亚尽快修好飞机，最晚不能晚于月底。谈话的时候，茱莉亚几乎完全听不出康拉德有什么口音，这令她很是惊讶。他是法国人、英国人，还是波兰人？实在是没听出来，很难判断。无论如何，康拉德说的话清晰明了。他要求月底前一定要修好飞机，因为他要和对手温琴佐·斯卡拉蒂在的里雅斯特来一场比赛。

对于茱莉亚这样一位刚刚开启职业生涯新阶段的工程师——她刚刚结束工程师和飞行员的学徒期——来说，这是她现阶段能接到的最有挑战性的活儿之一了。前不久，茱莉亚的父亲刚刚成立了REBUS公司，但早在航天业开始成为热门投资领域之前许久，他就开始训练女儿在这方面的技能了。康拉德来访的时候，茱莉亚刚刚继承了这家公司——她的父亲在几天前突然离世。当时，他正在另一家公司的机库内工作，却遭遇了大火，最终不幸罹难。葬礼上，茱莉亚抛撒父亲骨灰的时候，觉得风好像带走了她享受这世上一切的能力。他们家或远或近的亲戚都来了，围在茱莉亚身边，表达着哀痛之情，也希望能尽量让茱莉亚好受些，但这给茱莉亚带来的则是极度的孤独，一种痛苦的、无助的、永无止境的失去。

这就是为什么虽然康拉德的订单早早来了，但茱莉亚却迟迟没有开工。父亲去世后，她对任何有关飞机的事都提不起兴趣——实际上，她当时对任何事都提不起兴趣。那一段时间，她只想躲进森林深处的某个地方，独自一人待上很长很长时间。但她不能这样。她觉得自己还有很多应该做的事，其中之一就是她答应康拉德的飞机修理工作。

于是，茱莉亚并没有消失，她说服自己每天都去工作室。她尽可能让自己长时间待在工作室里，督促自己努力思考。刚开始的时候，她并不喜欢这样的思考，因为那更像是白日做梦。她会让思绪飘荡开去，轻柔、自然、不加限制，她觉得那就像是一团灰色的迷雾。

她觉得自己很像一位著名的探险家——前不久，她刚读过他的精彩回忆录。这位探险家在这本回忆录中详细介绍了自己是如何看到一种珍稀赤狐的。在寒冷的内华达山脉，他一连数天保持极不舒服的静止姿态，等啊，等啊，等啊，直到最后，终于看到一只雌性赤狐带着三只幼崽出现在白雪皑皑的树林中。和这位探险家一样，茱莉亚耐心地在工作室里等待真实的自我再度出现。

最后，她成功了，就像探险家等候的赤狐一样，她真实的自我突然隐秘地现身了。当时，她正在浏览父亲关于发动机和飞机设计的详细笔记，在这样一个最意想不到的时刻，她的自我回来了。不知怎的，茱莉亚发现自己完全沉浸于笔记的内容中，没有在思念父亲了。很难说清楚这种注意力的转移是怎么发生的，反正自那之后，茱莉亚每天都会花上很多时间专心致志地浏览父亲留下的笔记本（里面有很多示意图）。她仔细地阅读摘要，特别留意父亲手绘示意图中的细节，同时想着组合相关设计的方式。

最后，她开始全力思考修理康拉德飞机的创新方法。

在截止日期前几天，茱莉亚终于想通了关键的一步。起初，那只是她脑海里一个微弱的念头，她并没有刻意追逐，只是任其自然发展。没想到，它最后越来越明确，最终变成了一个非常清晰的想法。在这么长时间的徒劳无功之后，终于灵光一闪，那种感觉就像是突然做出了某种重大发现。茱莉亚的这个方案巧妙地将其他两款发动机的细节同康拉德飞机的发动机结合起来，使后者更加高效、反应更加迅速。那一刻，茱莉亚知道是时候恢复积极的工作状态了。这就是截止日前一天深夜，茱莉亚在机库里最后的状态。虽然对不得不如此匆忙地完成一切感到有些恼怒，但她仍旧相当兴奋。

茱莉亚立刻拿起了父亲留给她的工具箱。她的双手对这些工具很是熟悉，长时间的接触——感受这些工具的重量，感受不同型号工具表面的纹理——唤起了她学徒时期的独特记忆。

用细心、热情和技术做事让茱莉亚感到非常快乐。她怀着100%的责任心，专注而充满干劲地稳步推进维修工作。一个小时又一个小时过去，茱莉亚有条不紊地仔细检查发动机的每个部件。刚刚想出的理想方案把她在数年的学徒生涯中积累的大量信息整合到了一起。以此为基础，茱莉亚朝着目标一点一点地迈进。她几乎可以感受到，脑海中的信息指引着双手拧紧螺丝、压平金属表面。工作的乐趣一点点地积累起来。茱莉亚正在运用知识改造世界。

清晨的第一缕阳光透过窗户洒落在房间里，飞机抛光金属的表面在阳光下闪闪发光，犹如一大块璀璨的宝石——发动机已经修理好了。茱莉亚突然想起了父亲，想起了他说过的话：任何物质的寿命都是有限的，不可能永存，但公司里的知识具有恢复力，它们可以让自己永远流传下去。之前，茱莉亚一直不太明白父亲的这番话，但现在她恍然大悟。

交付飞机那天的傍晚日落时分，康拉德同茱莉亚道了别。虽然康拉德少言寡语，但他还是称赞了茱莉亚。茱莉亚甚至觉得，她在康拉德的眼睛深处看到一丝微笑如鬼魅般一闪而过。

在几次安全检查之后，康拉德轻而易举地驾驶飞机起飞了。茱莉亚在能俯瞰起飞跑道的阳台上站了很久，注视着康拉德的飞机迅速地飞上天空。她看到远处的海面上不断泛起青灰色相间的波浪。一阵柔和的晚风从内陆吹来，就像父亲轻柔、温暖的手臂。

第6章

功和热

在本章中，我会介绍以下内容。第一，**能量守恒原理**其实是一种关于不可能的反事实原理。第二，物理学领域存在三种**不可逆性**——统计学不可逆、遗忘性不可逆和反事实不可逆。第三，我将基于功和热的明确区别，提出**反事实第二定律**。最后，我还会介绍一种可以执行物理学允许的所有转变的机器，也即**通用构造器**。

优雅的奥黛特身形娇小，由塑料制成。她是一名芭蕾舞演员，是我5岁生日礼物八音盒中的核心部件。

八音盒的工作逻辑很简单：你拧上发条，它就给你奏一首曲子。我后来发现，我那个八音盒演奏的音乐都是从《天鹅湖》中改编过来的，都是些悦耳的曲子。

音乐响起之后，奥黛特就在木制舞台上翩翩起舞，不停旋转。只要发条还能提供动力，穿着精致白色舞裙的奥黛特就能继续优雅地缓缓旋转。

不过，在我看来，八音盒最有意思的地方既不是这位小小的舞者，也不是它演奏的曲子，而是它内部像钟表一样的机械装置。把八音盒倒扣过来，就能通过透明的玻璃盒底方便地观察到它的内部细节。盒子背面的黄铜钥匙可以把发条拧起来，发条和一系列齿轮结构相连，这些齿轮会推动一个圆柱体转动。圆柱体的表面有一组可以拨弄钢梳齿的小针，每个钢梳齿就对应一种音符，拨动后就会发声。换句话说，转动圆柱体上的这组小针就编码了八音盒的曲子。八音盒内部机制的最有意思之处在于，它把像齿轮机械运动这样的实在之物，转变成了抽象的非实在之物：乐曲。

这种转变之所以能发生，是因为物理系统的反事实属性——想必你已经猜到了。我来具体解释一下其中的原理。八音盒拥有一套复杂的机械装置，其中的基本元素是八音盒将机械运动转变成音乐[①]必不可少的。然而，这个过程中还存在某种肉眼看不见却至关重要的事物，那就是机械动力。机械动力是驱使整个装置运转起来的燃料。

八音盒运动的源头在哪儿？乍看起来，是拧动黄铜钥匙的

---

① 说得更准确些，是把机械运动转变成声音（空气分子的振动），再由我们的大脑将其转变成音乐。

人。然而，思考得更深入一些你就会发现，如果真是这样，那就开启了无限回归的过程（这个概念在本书中反复出现，它正是基础物理学传统构想的根本问题所在）。八音盒的运动源头是拧动钥匙的手，那么手的运动源头又在哪里？沿着这个思路一直问下去，永远也没有尽头。此外，能给八音盒拧发条的不只是人的手，很多其他机械装置也能做到，比如一个与发条相连的小型机械发动机就能起到一模一样的效果。因此，要想究明这个问题，我们得从更深入的角度出发。机械动力由什么构成？当我拧上发条的时候，究竟是什么给八音盒提供了动力？

为八音盒提供动力的东西就是物理学家所说的能量。英文中这个术语（energy）源于亚里士多德推广开来的一个古希腊语单词，原意是“工作的能力”。我们如今在物理学中提到的“能量”的含义要比亚里士多德时代明确得多，它是物理系统的一种抽象属性，与物理系统必须受到的某些实质性限制有关。我们知道，这些限制中最重要的就是能量守恒原理。它规定，要想改变某个系统的能量，就必须同时改变其他系统的等量能量。

能量守恒原理是基于反事实属性之上的，因为它的内涵是：不可能毫无副作用地改变某个系统的能量。既然所有运动定律（既包括已知的，也包括未知的）都必须服从能量守恒原理，那么后者显然比任何动力学定律都更具普适性。此外，能量守恒原理应当适用于宇宙中的所有系统。它支配着像电子和质子这样的微小粒子，支配着推动飞机和航天飞船的热机，支配着为生物细胞提供能量的线粒体。能量守恒原理支配着一切具有能量的事物，无论其规模和尺寸如何。[①]

这个看似无关紧要的限制条件实际上影响深远。首先，它意味着能量不可能凭空产生或凭空消失。系统的能量要发生改变，就必须从外界吸收能量，或向外界释放能量。于是，我们就能精确地计算究竟有多少能量从某个系统转移到了另一个系统。能量从这里逃脱，就一定会去到那里——它不可能凭空消失或凭空产生。举个例子，八音盒不可能在没有其他事物（钥匙拧动发条）提供能量的情况下自己启动。智能手机的电池在设备关闭且没有连接到电源的情况下也不可能自行充电。

系统的能量可以通过与其他系统发生相互作用（这会让系统吸收或释放能量）而改变。但能量守恒原理要求，只要这两个系统是孤立的，它们的总能量就仍旧保持不变。因此，其中一个系统增加的能量必然等于另一个系统减少的能量，只有这样，总能量才保持不变。

八音盒的机械装置将机械动能转变成清脆悦耳的曲子，这

① 在广义相对论中，能量守恒原理必须升级，才能应用到更一般的层面上，其中的细节并不妨碍我想在此阐述的问题。读者只需知晓，对能量守恒原理做出细节上的修改之后，我在本章中的结论也同样适用于广义相对论。

也是能量守恒原理允许的，并且严格遵循这个原理。我们拧动钥匙，就是在给八音盒增添能量。钥匙的拧动会压迫发条，从而使后者获取能量。如果没有损耗的话，这个过程最后的结果就是所有为拧动钥匙而花费的能量都转移到了发条上。发条就是一个能量储备库，就和智能手机的电池一样。它与其他机械部件相连，推动圆柱体转动，并且随后拨动钢梳上的齿。我们启动八音盒之后，发条就被激活，开始放松，并且释放能量给转动的圆柱体。接着，转动圆柱体又会把同样的能量传输给钢梳，后者振动后就在正确的时间发出正确的音符。你可以把这个推演过程推广到与八音盒发声有关的其他一切系统。例如，钢梳上的齿在振动时，带动周围的空气分子振动起来，我们最终听到的音符就是由空气分子的振动波以特定频率冲击耳蜗内的鼓膜引起的。接着，我们的大脑在处理这种机械刺激时又把它转变成了电信号。空气波也携带能量，大脑中的电信号也同样如此（但我们的身体运用某种能量放大了电信号）。

按照能量守恒原理，这条传递链上的所有步骤涉及的所有系统获得的能量总和就等于最初我们给钥匙提供的能量。这就是能量守恒原理给系统施加的不可逃脱的限制，而且它以反事实属性为基础——不可能在不产生副作用的情况下，改变任何系统的能量。

八音盒还体现了另一种有关能量的引人注目的反事实属性。

八音盒发条中储存的能量可以和钟表类机械装置中蕴藏的能量（或者圆柱体的转动能等）互换。同样这些能量，你可以将其储存在各种不同系统之中，无须考虑这些系统的大部分物理细节。此外，你还可以自由地让能量从一个系统转移到另一个系统中。能量可以从八音盒里的发条转移到转动圆柱体上，转移到钢梳上，转移到振动的空气分子上，等等。八音盒内的各种机械系统都是可以互通的：无论它们的物理细节差异有多大，能量都可以从其中的一个系统转移到另一个中。我们在第3章中已经遇到了一个类似的反事实属性，即信息的互通性。所有信息媒介都是可互换的，因为它们都具有同样的反事实属性。那么，是否所有蕴含能量的系统都具有类似的互换性呢？

有意思的是，答案是否定的。只有部分蕴含能量的系统是可以互换的，即就能量交换层面上说，它们之间具备互通性。这些系统具有相同的反事实属性，至于具体是什么，我在本章后面的内容中会告诉你。其他含有能量的系统就不能互换了，原因在于热力学第二定律。

热力学第二定律区分了两类能量转移，两者之间的差别根源在于反事实属性。一类能量转移是可逆的：我们可以利用它对各种物理系统做功，比如八音盒的黄铜钥匙、飞轮、活塞；而且，当我们彻底撤销这类能量转移过程后，能量也会被全部回收，没有不可逆的损失。支持这类能量转移的系统就是完全互通的，比如八音盒内的那些机械系统。

另一类能量转移则不可逆：一旦转移发生，就不可能完全撤销，部分做功能力在能量转移过程中耗散了。一个经典的例子就是自行车的刹车。你按下刹车时，就给车轮的转动施加了阻力。车轮和整辆车都接收了一些能量，然后停了下来。这个时候刹车装置和车轮本身都变热了。为什么？因为车轮和自行车运动的能量现在变成了构成它们的分子的热运动，而且这种耗散是几乎无法挽回的（稍后我会解释为什么在这里会加上一个“几乎”）。将八音盒的曲子送到我们耳朵里的空气分子振动蕴含的能量也是如此。一旦我们听到了音乐，就很难再把这些能量送回八音盒里。

化学家彼得·阿特金斯（Peter Atkins）在他论述热力学基础的著作中经常提到，功和热并非“物质”（就像信息也并非物质一样），它们是能量转移的模式。我把可逆的那种能量转移称为“类功”（转移的能量可以无限重复使用，用于启动或停止那些有序、受控的运动），把不可逆的那种能量转移称为“类热”。热力学第二定律告诉我们，一定有一些能量转移是类热的：这类转移一旦发生，过程中涉及的能量就必然有一部分无法回收。类热转移涉及的能量再也不能完全应用于类功转移，只有其中一部分可以。

热力学第二定律的生效方式令人印象深刻。它与能量守恒原理共同为热机提供了理论基础，而热机是人类在工业革命中取得巨大进步的动力所在。不过，热力学第二定律究竟描述了物理世界中的哪些内容？对这个问题的解释远不如能量守恒原理那样直接明了。热力学第二定律实在太复杂、太精妙，以至于物理学家在过去几十年里提出了无数种阐述这个定律的说法，而这些说法彼此之间也不等价。其中每一个版本都包含了类热能量转移和类功能量转移的概念，但它们各不相同！尽管如此，所有这些版本在涉及热机热力学方面的结论却惊人地一致。因此，热力学第二定律实际上已经成了理论物理学大厦的一大支柱，但我们仍旧不确定它背后的真正含义。

无论热力学第二定律的内涵究竟是什么，物理学家们对它都相当满意，因为在可以直接应用热力学第二定律的领域里，它都取得了极大的成功。不过，最近这些年，技术的发展让我们越发接近热力学第二定律存在问题或是比较模糊的领域，纳米级发动机的开发就是一例。所谓“纳米级”，就是人体细胞内部或是经典计算机、量子计算机回路内部这样的尺度范围。在这个尺度上，类热能量转移和类功能量转移之间的界限开始变得模糊。因此，如果我们还想像描述宏观热机那样准确、高效地运用热力学第二定律来描述这些纳米级系统，就必须进一步深化这个定律。

好在，反事实属性为我们解决这个问题提供了关键工具，我马上就会详细介绍这一点。只要认识到热力学第二定律实际上是基于反事实属性之上的，将其应用范围拓展至各种尺度的路径就变得清晰了。基于反事实属性去理解它的逻辑非常顺畅，并且也相当接近于我在第3章中用纯物理方式表达信息概念时使用的方法。

首先，我们得明白热力学第二定律究竟有什么问题。简单来说，问题出在这个定律意味着必然存在某些不可逆性。其实，这也是这个定律如此迷人的原因所在。不可逆性是万事万物中普遍存在的物理本质的核心：生命体的诞生、成长、死亡，生物圈复杂性的增长，人类文明精密度的上升，知识的创造与毁灭，等等，都涉及不可逆性。问题在于，热力学第二定律要求的不可逆性与掌管物质基本组成部分的运动定律产生了严重冲突。还记得吗？我在第4章中介绍说，量子理论是可逆的：如果量子理论允许某种转变发生，那么这种转变的逆过程也必然可能发生。广义相对论（我们目前拥有的另一种对物理现实的最精确描述）也同样是可逆的。如果存在某条轨迹让某个系统从A变为B，那必然也存在某条轨迹能让这个系统从B变为A。物质的微观组分必须以这种可逆的形式运动，因为它们必须遵循这些运动定律。于是，问题来了：热力学第二定律意味着必然存在某些不可逆的能量转移过程，那它要怎么和上述运动定律的可逆性相容呢？

深入思考不可逆的热力学第二定律和可逆的运动定律就像是在观看一种叫作“三维立体图”的光学幻象。如果你从某个角度观察这种立体图，看到的会是平坦的二维图像（可逆性）。然而，如果你改从另一个角度观察，就突然会看到一个三维图像（不可逆性）。可是，二维图像和三维图像怎么可能在一张图中共存呢？当然，就这个光学幻象的例子来说，我们的大脑中不能同时浮现这两种图像，但我们仍旧可以尝试从理论上解释为什么它们存在于同一幅图画里。照此类推，是否存在某种独特的物理现实图景，可以调和可逆性与不可逆性？对于这个问题，物理学目前还没有明确的答案，更不用说什么独特的物理现实图景了。物理学家提出了一些解决方案，但都有争议。归根到底，这是因为如今的理论物理学坚持把反事实属性排除在外。借助反事实属性，我们就能在所有尺度上把运动定律的可逆性描述与热力学第二定律的不可逆性统一起来。

在介绍具体如何做到这点之前，我们得先更细致地思考类热能量转移的不可逆性。请想象一片操场，操场上有一个跷跷板。跷跷板主要由4个系统构成：两个座位（质量大致相当），连接两个座位的一根坚固的刚性长棒，长棒的中点处开了槽并安放了支架。跷跷板需要两个孩子一起玩：两个孩子分坐跷跷板两头的座位，在重力的作用下，较重的孩子往下运动，体重较轻的孩子则在长棒的带动下往上运动。他俩可以轮流用脚蹬地面，这样就可以尽可能地运动到高处，从而得到更多的乐趣。

让我们稍微简化一下这个模型。首先，用两根一端固定在地面上的弹簧代替两个孩子，它们的顶端分别固定在长棒的两头。接着，我们再假定长棒的两头（称为A和B）质量完全一样。当长棒在支架上处于完美的水平状态（静止状态），我们就称跷跷板处于中间位置。现在，假设我们拉动长棒一端，比如A，令其向上运动。那么，在A向上运动的同时，B必然向下运动，并且会在能量守恒原理允许的前提下尽可能压迫B下面的弹簧。于是，在理想状态下，我们推A端产生的能量就完全转移到了B端下面的弹簧上。然后，受挤压的弹簧因其完美弹性特征又会释放压力，将能量传回跷跷板的B端，让B端因此上升。与此同时，A端当然会下落，挤压它下面的弹簧，如此循环往复。

如果没有其他耗散能量的相互作用干扰，那么跷跷板就会以这种方式永远运动下去。这个系统中的能量转移过程是可逆的：能量先从A端下面的弹簧转移到A端，接着再转移到B端，最后转移到B端下面的弹簧，整个过程反过来也同样成立。也就是说，在这个振荡运动中，能量可逆地从一个系统转移到另一个系统，所有能量转移过程都是类功的。

我猜你现在可能有点儿疑惑：你努力跟上我的推导过程，心中却难免嘀咕，这个过程中的每一步似乎都和现实体验相反。现实中的跷跷板长棒最多只能在弹簧的作用下高高弹起一次，几次振荡中幅度就会越来越小，最终停下来，根本不像是会一直振荡下去的样子！

你的困惑完全有根据，但我的解释也并不违背你的物理现实直觉。真实情况与假设情况之间的关键差别在于，在我假设的这个场景中，除了跷跷板本身的作用机制外，不存在任何其他相互作用。因此，我假设的是一个理想场景：从原理上说，我们有可能无限接近这种理想状态，但绝不可能完美符合，现实中发生的情况更是与此相去甚远。实际上，光是跷跷板周围就有数种与其本身运动无关的干扰源，导致整个过程的每一步都会耗散能量。

第一，长棒上上下下运动时，有无数空气分子不断撞击着它。第二，现实中的弹簧并不具备完美弹性：它在释放时，并没有把长棒传递给它的能量全部返还，其中有部分能量被浪费了，再也不会参与跷跷板的振荡过程——比如，构成弹簧的原子就会吸收部分能量，增加其内部振动能。因此，要想解释能量在现实跷跷板模型中的转移情况，还必须考虑更多的相互作用。所有这些相互作用都会在跷跷板和弹簧的运动过程中消耗能量。这就是为什么现实中的跷跷板在开始运动之后，如果我们不持续推动，它最终就会静止。不过，总体来说，能量仍旧是守恒的。等到跷跷板静止的时候，起初推动它产生的能量全部储存到了周围空气分子以及弹簧与长棒内部的其他粒子中，它们都比原来更热了一些（能量增加了一些）。

不可逆性正是以上述这种方式，悄悄混进了所有基本相互作用都可逆的世界。从实际操作角度，一旦能量进入空气分子和原子的振动过程，就很难再把它们取出来。这类能量转移就是热力学第二定律中的类热能量转移，通常也被视为不可逆的——和前面提到的八音盒和刹车的例子一样。

现在请注意，情况就是在这里变复杂的。类热能量转移“从实践角度上说”不可逆，这意味着，这类能量转移很难逆转，但在原理上仍旧是有可能的。而称类热能量转移不可逆转就完全是另一回事了，这意味着这类能量转移从原理上就不可逆，就像我们无法凭空创造能量一样。热力学第二定律面临的最基本的问题就在于此：逆转某些类型的能量转移究竟只是在实践上很难实现（但原理上可行），还是就是严格的不可能？

也正是因为这个问题，热力学第二定律作为物理学基本定律的地位变得岌岌可危。我在第1章和第2章中提到，物理学中最基本的定律应该是精确且普适的，就比如量子理论、广义相对论、能量守恒原理。它们都是精确的理论，因为它们都描述了物理系统必然会出现何种情况，而不是在增加或减少某些可以容忍的限制条件后的近似情况。此外，它们都是普适理论，因为它们的应用范围都是整个宇宙。如果理论并不是普适的，那就一定要明确说明它们在何种情况下失效。想想某些设备的说明书——比如你的智能手机的说明书：首先，你肯定希望说明书明确告诉你在各种情况下应该如何操作手机，而不是“差不多这么做就可以了”；其次，你肯定还希望说明书明确指出它适用于哪些型号的手机，这样你就知道什么时候可以参考它，什么时候不行。而物理学定律实际上就是整个宇宙的使用说明书（当然，目前的理论还只处于试用阶段）。我们知道，热力学第二定律在某些领域很成功，但它并不精确，而且也没有明确给出适用范围。对于某些宏观系统（比如火车机车）来说，热力学第二定律的确是一份很有效的说明书，但我们不知道对于尺度小得多的系统，它是否仍旧适用，甚至不知道它在这类领域中的明确含义。

如果逆转类热能量转移只是很难实现，但原理上仍旧可行，那么热力学第二定律就不是真正的基本定律——实际上，如果事实确实如此，那么物理学就完全没有理由区分类功能量转移和类热能量转移了，因为压根儿就没有什么不可逆的能量转移过程。换句话说，所有能量转移都是类功的（即可逆的），只是其中的一部分逆转过程比较难实现而已。这样一来，热力学第二定律及其规定的不可逆性，就退化成了对我们当前技术限制的描述——这当然不可能是基本物理学定律。只要我们投入足够多的资源，就一定能改善这些技术限制。

对于热力学第二定律是否基本这个问题，物理学家目前分成了两派。一派认为它并非基本：约束微观粒子相互作用的只有可逆物理学定律。只要拥有充足的技术资源，就总能让能量回到它原来的地方，并且重新用于做功。这就意味着，热力学第二定律给热机施加的限制只是一种经验规律，告诉我们，在实际操作中有些相互作用很难逆转，不过，通过提升技术水平，这些限制最终仍可消除。按照这一派的观点，热力学第二定律显然不该出现在宇宙操作手册里。

另一派认为热力学第二定律是基本定律。他们认为，这个定律具备普适性，而且可以在各种尺度上与可逆动力学定律相容。这点可以做到吗？为了支撑这个观点，物理学家已经提出了数种调和可逆性与不可逆性的方案。只不过，到目前为止，这些方案都无法说明热力学第二定律是精确的普适定律。它们最终都得承认，不可逆性只是某种近似，并非基本事实。不过，我马上就要介绍，只有一种以反事实属性为基础的方案具备实现终极目标（证明热力学第二定律是精确的普适定律）的潜力。虽然这个方案目前也没有完全实现目标，但它的确是睿智的想法，值得我们细细探究一番。不过，在此之前，我们还是先来了解一下其他方案，这样才能更深刻地认识到反事实属性方案的优越性。

定义不可逆类热能量转移的一种方案以统计学为基础——它运用的是“统计力学”这个物理分支的内容。这个方案推导出了热力学第二定律的另一种表述形式，其内容是：在特定的一些物理系统中，不可逆性一定会以很高的概率发生。这就是统计学形式的热力学第二定律。举个具体的例子，想象仲夏时分，你在户外的花园里摆上一杯冰茶。（前提是这天不能下雨，这在某些国家，比如我居住的英国，是很少出现的天气，但我们可以想象嘛。）一般来说，我们会预计，这杯冰茶一定会从周围环境中汲取热量，温度慢慢上升。统计学形式的热力学第二定律称，茶与周围环境温度达到平衡并且维持不变的这种组态，是所有可能出现的组态中概率最大的。其他组态（比如冰茶变得更冰了）也并非不可能出现，只是概率极低。按照这个理论，如果你能重复这个实验很多很多次，绝大多数的结果都是茶与周围环境达到温度平衡——但并非次次如此。

睿智的物理学家路德维希·玻尔兹曼（Ludwig Boltzmann）进一步深化了这个理论。他提出了一条标准，用以说明物理系统（比如一杯冰茶）与比它大得多的环境（比如花园）发生相互作用时，什么样的过程更有可能发生。玻尔兹曼认为，最有可能发生的物理过程倾向于增加（至少是保持不变）系统的某种属性，即它的熵。熵是一种有关系统中粒子运动状态的函数，常常与分子排列的无序程度有关——分子排列越无序，它们的熵就越高。（总的来说，这种联系并不完全准确，但就我们这儿的讨论来说，已经足够了。）顺着玻尔兹曼的思路，统计学形式的热力学第二定律意味着，系统与比其大得多的环境发生相互作用时，最有可能出现的状态就是能让系统的熵最大化（或保持不变）的状态。按照这个理论，系统的类热能量转移过程就是系统通过与周围环境交换能量实现熵增结果的过程，就像花园里的冰茶会慢慢变热，操场上的跷跷板会在反弹过程中逐渐消耗能量一样。

统计学形式的热力学第二定律根本无法追求精确和普适，连想都不用想。因为熵最大化的构型并不必然出现，它只是“最可能”出现而已；其他所有构型也都可能出现，但定律也没说它们何时以何种方式出现，只知道它们出现的可能性“没有那么高”。不过，统计学形式的热力学第二定律不可能精确的根本原因在于，主宰冰茶和周围环境交换能量的动力学过程本质上是可逆的。从微观角度看，冰茶搁到花园里后的情况是如下这样。茶比空气冷许多，因此冰茶分子蕴含的能量远小于空气分子。在杯中液体的表面，空气分子与杯内茶水的分子发生相互作用，我们可以把这类作用看作碰撞。通过碰撞，茶水分子从环境中的空气分子中汲取了一些能量。这种相互作用可能会让整个系统进入如下状态：茶水不比环境热，而环境也不比茶水冷，它们的温度保持一致，并且不再交换能量。在这个模型中，不可逆性意味着，茶水总应该变成这种状态，并且永远保持下去。然而，运动定律暗示的情况并非如此。实际上，运动定律会让我们推导出一个令人印象非常深刻的事实：只要我们等待足够长的时间，茶水最终会回到原来的状态，也就是回到刚开始时的温度。当然，这可能需要我们等上很长很长的时间——甚至久过茶杯的寿命。然而，运动定律必然会在某个时间点将所有粒子（包括茶杯中的茶水分子）带回很久之前的某个状态。优秀且敏锐的数学家（也是工程师）亨利·庞加莱提出了一个与此相关的定理，而上述这种昔日状态再现的情况正是这个定理的惊人预测。庞加莱这个定理的内容是，所有可逆定律都会在有限时间内将系统带回其初始状态（说得更准确些，是无限接近初始状态的状态）。当然，这个过程可能非常漫长，但总之是有限的时间。

既然微观运动定律都是可逆的，而且遵循庞加莱的这个定律，那么它们自然不可能给这类不可逆性留下任何空间。因此，统计学形式的热力学第二定律只能预测不可逆性有很高概率出现，但绝不能肯定。因此，它永远不可能成为像牛顿定律那样的精确定律。这个通往不可逆性的方案无法让我们收获具备基础地位的热力学第二定律，最多只能得到一种近似基础的定律。既然无法实现终极目标，我们就不再继续深入研究这个方案了，是时候踏上其他道路了。

现在，我们开始研究调和热力学第二定律不可逆性与动力学定律（比如广义相对论和量子理论）可逆性的另一个方案。这个方案问题也很大，它实现不可逆性的方式是“遗忘”可逆性动力学定律中的某些细节。你是不是觉得这算是某种形式的作弊？没错，它就是！让我们设想一种可逆变化：一盏彩灯从红色变为绿色，再从绿色变为蓝色，最后从蓝色变回红色。这盏彩灯的变化就是可逆的：无论在什么时间点上观察这盏彩灯，你都可以准确推断出它之前是什么状态。比如，如果彩灯现在是红色，那么它之前一定是蓝色；如果现在是绿色，那之前一定是红色；如果现在是蓝色，那之前一定是绿色。因此，你也完全可以把灯重新设定到之前的状态，也就是我们所说的可逆。

现在，想象你戴着一副能将蓝色和绿色合并成同一种颜色（黄色）的眼镜。此时，你仍然可以区分出红色，但无法分辨蓝色与绿色。在这种情况下，对你来说，绿色和蓝色之间的差别就消失了。于是，在你看来，彩灯的变化不再可逆。看到彩灯亮起黄色，你也无法推断出之前它是什么状态——它可能是绿色，也有可能是红色。实际上，彩灯背后的运作机制仍旧是可逆的，但除非你摘下眼镜，否则就无法让彩灯回到之前的状态。我们可以从这个例子中总结出更一般的结论：即便微观动力学定律是可逆的，但由于我们无法区分某些微观状态，就会产生不可逆性。

这种“遗忘性不可逆性”就是热力学第二定律另一种形式的基础，其内涵是：只有当我们研究物理系统的某些宏观属性时，也就是忽略，或者说“遗忘”该系统动力学状态的部分细节时，不可逆性才会出现。然而，这个方案推导出的仍旧是个不精确且非普适的定律，因为没有任何标准指导我们“遗忘”具体哪些细节：为什么我们应该遗忘其中的这些细节，而非那些？目前，关于热力学第二定律这种形式的各种说法中，还没有哪一个能够解释这一点。在我们的这个例子中就是说，戴上什么颜色的眼镜是完全随意的，没有任何标准。而随意性与主观性直接相关。对于同一个变化过程，某些观测者会忘记这些细节，另一些观测者则会忘记那些细节。对于某些观测者来说，某个过程可能看上去是不可逆的；但对另一些观测者来说，这个过程可能又是可逆的。另外，由于每个观测者都可以随意选择遗忘哪些细节，当然也就不会有什么对所有观测者都一致适用的定律了。沿着这个思路推导，我们可以得到结论：不可逆性之所以在这个框架下成为可能，完全是因为随意性限制条件让你的关注重点完全局限在了物理系统的某些属性上。然而，问题是，为什么我们需要这些随意的限制条件？这种狭隘的限制不可能成为理论本质不可逆性的基础，因为它是随意且主观的。只要能“回忆”起之前暂时“遗忘”了什么，就能回到可逆状态。掩耳盗铃永远不可能是解决问题的好方法。我们显然应该放弃这条通往不可逆性的道路，因为它的尽头同样不是具备基础地位的热力学第二定律。

就像三只小熊屋里的金发姑娘[①]一样，在尝试了两个不起作用的方案之后，我们就只好踏上第三条通往不可逆性的道路，这条路以反事实属性为基础。不过，这条路也并非“恰到好处”——它也有问题，但至少要比基于传统物理学概念的前两条更有希望。

---

① 出自英国作家罗伯特·骚塞的童话故事《金发姑娘和三只熊》。故事中，金发姑娘误入三只熊的家中，看到了三碗粥，第一碗太烫了，第二碗太凉了，第三碗温度刚刚好。后来，她又看到了三张床，第一张太硬了，第二张太软了，第三张硬度刚刚好。后来，这个故事就有了“恰到好处”的寓意。——译者注

要继续探讨下去，我们要重走一遍著名物理学家詹姆斯·焦耳的思维轨迹。在热力学建立之初，他开展了这个领域的一项关键实验。焦耳当初设想——并且也用实验证明了——仅通过机械式搅拌可能加热一定量的水，但用同样的方法不可能令这些水冷却。这里显然就出现了反事实元素：这种涉及转变可能或不可能发生的语言，属于可能与不可能的科学。

我们还是回到冰茶的例子。（焦耳本人应该更愿意用啤酒，因为他也是一名酿酒师，但我还是继续用茶吧，这对我们的推导过程不会有什么影响。）现在，想象你用一把勺子机械地、卖力地搅动茶水，搅动的行为为茶水分子提供了更多能量。再假设，盛茶水的杯子完美地与环境隔绝，即除了搅动产生的能量之外，整个茶水与茶杯系统不会与环境交换其他任何能量。于是，等到搅拌结束时，你就会发现，杯中的茶水变热了。而另一方面，无论你再怎么努力，只通过搅拌，绝不可能让茶水冷却。在这种场景下，这种转变是不可能发生的。（当然，现实中，搅动是能让杯中的茶水冷却的。因为现实中的茶杯不会与环境隔绝，搅动茶水就加速了茶水与环境的能量交换。不过，我在这里假设的是茶杯完全与环境隔绝。）

这种不可逆性意味着，有些时候，某种转变（比如加热一定量的水）只通过机械手段（比如搅动）就可能做到，但相反的过程不可能仅仅通过同样的手段就做到（但仍有可能通过其他手段做到）。类功能量转移对应的是借助机械手段在正反两个方向上都可能做到的转变。而类热能量转移对应的转变，就是仅通过机械手段在一个方向上可能做到，在相反方向上却不可能做到的转变。你会看到，这条通往不可逆性的道路与某种转变发生的可能性及其逆过程的不可能性有关，它以反事实属性为基础。最早提出热力学第二定律的这个解释方法的是开尔文勋爵和马克斯·普朗克。这个方法既不涉及物理系统与周围环境接触时自然演变的最可能组态，也不涉及忽略某些细节之后物理系统的演变轨迹。

这种反事实不可逆性最吸引人的地方在于，无需任何近似，它就能与时间反演对称定律相容。因为，即便是在完全可逆的微观定律的约束下，也仍有可能通过某种手段使某些设备执行某个方向上的转变（也就是可以用像自动搅拌棒这样的设备，仅通过机械手段就加热液体），且同时不可能仅用相同手段就让该设备执行逆转变过程（比如，仅用机械搅拌的方式让液体冷却）。最关键的是，反转物质基本组分的运动定律并不会让“正向”设备（执行从A到B的转变）变成“逆向”设备（执行从B到A的转变）。因此，即便构成设备的基本粒子遵循可逆定律，正向设备的存在也并不必然意味着逆向设备同样存在！即便这些基本粒子的行为确实可逆，它们构成的设备也可以只可能执行前向转变，不可能执行后向转变。这种不可逆性不同于统计学不可逆性，后者要求自由演变系统的正向轨迹出现的可能远远大于逆向轨迹。

它也不同于遗忘性不可逆性，因为后者的内涵是：当且仅当我们忽略物理系统的某些细节时，正向轨迹才可能出现而逆向轨迹才不可能出现。因此，统计学不可逆性和遗忘性不可逆性都只是近似不可逆（基于概率或随意忽略某些细节）。相较之下，反事实不可逆性——某种转变可能出现，且其逆转变不可能出现——是精确的，不涉及任何任意的遗忘和概率近似。因此，通过这个实现不可逆性的方法构建出的热力学第二定律是精确的。

然而，目前为止，这种方法也存在严重问题：它并没有解释所谓“机械手段”究竟是什么，因此，它的应用范围就没有明确的定义。搅拌器是一种机械设备，理想弹簧、悬置的重物也同样属于机械设备。可是，处于确定能量状态下的原子也可以算是机械设备吗？超导体中的回路呢？以固定频率振动的光子呢？“某种转变仅通过某些机械手段可能实现，但其逆过程不可能仅通过相同手段实现”这个命题虽然明确，但没有确定什么是机械手段的标准，它就没有确定的适用范围，即言之无物。建立在这个基础之上的热力学第二定律仍旧模糊不清，不可能成为宇宙通用的操作手册。要想它变得清晰、有用，就必须解释究竟什么才是“机械手段”。而在这个问题上，我在八音盒那个例子中提到的互通性就派上用场了。反事实方法又一次漂亮地解决了问题！

我们可以运用解释信息和知识时使用的那套逻辑处理上述问

题。现在，我们的任务是确定所谓“机械手段”的特征属性。不难注意到，机械手段有能力执行类功能量转换，我们就从这一点出发。有能力执行类功能量转换的设备应该是什么样子？仅仅具有能量肯定是不够的：处于某一温度下的一定量冰茶也具有能量，但它本身并不能用作机械手段，因为仅凭其分子本身的热运动无法让像轮子或钟摆这样的系统运动起来。然而，受挤压的弹簧和悬置的重物就能做到这点，只需要把它们连接到我们想推动的系统上就可以了。表征“机械手段”的另一种属性就是反事实属性——所谓“机械手段”必须展现出某种互通性，就像我在第3章中介绍过的信息媒介那样。

为了阐明这一点，我们先思考一下大家公认的机械手段普遍蕴藏的反事实属性：我会先从具体的例子开始，然后从中归纳出一般规律。巧合的是，阐述机械手段互通性的过程出人意料地揭示了可执行可逆类功能量转换系统与可储存信息系统之间的重要联系。

在这里，我们要再一次使用跷跷板那个例子，当然要在原来的模型上做一些修改——如图6–1所示，这一次，我们在距地面一定高度的滑轮两侧各悬挂一枚砝码。你需要注意的第一个关键点是，砝码所在高度的不同意味着它们具有的能量也不同，因为在我的设想中，同跷跷板的例子一样，重力场会发挥作用，也就意味着砝码挂得越高，它具备的能量（势能）就越多。（如果你觉得这听起来有点儿违背直觉，就想想瀑布中的水。瀑布越高，水携带的能量就越多，下落得就越气势磅礴。）

为了方便讨论，我们把左侧的砝码称为A，右侧的称为B。这两枚砝码的位置可以千变万化，但就能量交换来说，如图6–1所示，主要有四种构型与讨论的主题相关。第一种，A和B分居两侧，且高度相同，我们称这种状态为[A(0)，B(0)]。你也可以认为，在这种状态下砝码A处于A(0)状态，砝码B处于B(0)状态，且此时A与B具有相同能量。第二种构型是，砝码A的高度大于默认状态——A(0)态的高度，而B保持不变，整个系统状态可称为[A(+)，B(0)]。此时，砝码A的能量高于砝码B。第三种构型，A的位置进一步升高，而B的位置也大幅降低，整个系统状态被称为[A(++)，B(−−)]。最后一种构型，B的位置高于默认状态B(0)态，而A保持初始位置，即保持A(0)态，整个系统状态被称为[A(0)，B(+)]。

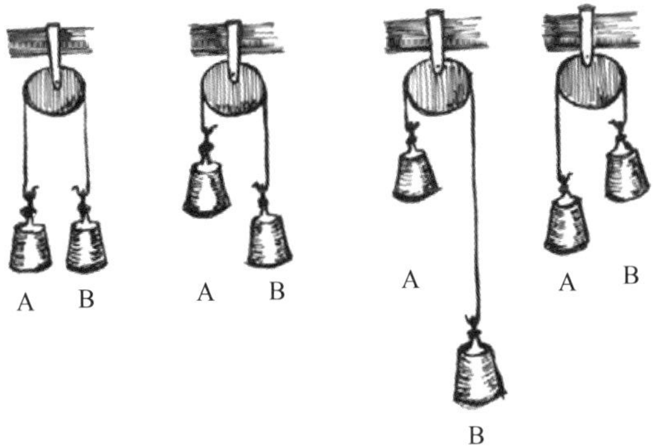

图6–1　在距离地面一定高度的滑轮两侧各悬挂一个砝码

在这个悬置砝码的系统中，可能出现下述转变，且没有其他副作用：

[A(+)，B(0)] → [A(0)，B(+)]

[A(0)，B(0)] → [A(+)，B(–)]

我称其为“跷跷板变化”，以表征两枚砝码高度的此消彼长。这种转变可能出现，意味着我们可以设计这样一种机制：当两枚砝码处于[A(+), B(0)]态时，就让它们变成[A(0), B(+)]态；类似，当它们处于[A(0)，B(0)]态时，就让它们变成[A(+)，B(–)]态。这样一种机制就是我前面提到的滑轮系统，借助一套合适的销、栓系统，砝码一旦到了既定高度就会停下来，不再继续下落（只要操作得足够小心，就可以做到完全没有摩擦力）。需要着重强调的是，整个过程不包含其他任何副效应（也就是不需要其他任何系统的参与——比如环境中的其他信息），这正是这个例子中的砝码——以及更一般的机械手段——的特殊之处。机械手段本身保持不变，就像催化剂（我在第5章中已经定义过什么是催化剂：能够促成某种转变发生并且始终保有这种能力的系统）一样。

于是，现在就不难阐述什么是机械设备了：所有具备各种能量状态且具有某种关键性质（上述“跷跷板转变”可能发生）的系统都是机械设备。就更一般的系统来说（无论这个系统具体是什么），状态B(+)、B(0)和B(–)分别对应系统的不同能量值，且B(+)高于B(0)，B(0)又高于B(–)，A也同样如此。举个例子，对于某个原子来说，它们可以是三种不同能量构型：最外层电子云处于B(+)态时，能量高于B(0)态，处于B(0)态时，能量高于B(–)态。让能量从某个原子A中转移到原子B中，就对应于转变[A(+)，B(0)]→[A(0)，B(+)]。具体过程是，处于A(+)态的原子A释放一个光子，而原本处于B(0)态的原子B吸收了这个光子。与之类似，转变[A(0)，B(0)]→[A(+)，B(–)]就是原本处于A(0)态的原子A吸收原本处于B(0)态的原子B释放的光子。在这里，光子就起到了之前那个例子中连接两枚砝码的滑轮与绳索的作用，在不对两个原子产生其他任何副效应的前提下使得“跷跷板转变”可能发生。

我用反事实属性阐述了机械设备的内涵：它们是具备某种属性的物理系统，这种属性就是，前面定义的跷跷板转变可能在这些系统中发生。实际上，拥有这种特性的远不止像弹簧和砝码这样的机械设备，为了凸显这一点，我给这种属性起了一个新名字：“做功媒介”。做功媒介既包含了砝码和弹簧这样的机械设备，也包含了像原子这样的微观粒子和处于特定状态的量子比特，但不包含处于特定温度的水或茶。做功媒介允许跷跷板转变发生，这种反事实属性实际上就挑选出了所有可以经历可逆类功能量转移过程的系统。借助做功媒介，我们就明确了反事实形式的热力学第二定律的应用范围，从而完善了这个定律。

类功能量转移只需要改变做功媒介上的能量就能令某个物理系统从状态S转变为状态S′，也可以逆向转变。举个例子，理想的无摩擦跷跷板就在两侧的砝码之间实现了类功能量转移，因为每个砝码都是做功媒介。另一方面，如果S→S′和S′→S这两个转变中有一个不可能只在由做功媒介参与的情况下实现，那么这种能量转移过程就是类热的，即不可逆。回到焦耳当初的那个例子，通过搅拌加热茶水就是一个能量从周围环境转移到茶水的类热转移过程，因为不可能在只有机械手段参与的情况下实施上述过程的逆过程（让茶水变凉）。

因此，用反事实属性的形式表达热力学第二定律，就是宇宙中一定存在类热能量转移。这种形式的热力学第二定律表述简明，且不带任何近似条件，它与系统具体是什么无关，可以应用到各个尺度上，同时还是精确的。成功了！

传统的宏观热力学第二定律应用于火车、汽车上面的热机（以及类似的系统）时取得了成功，而拓展后的反事实属性热力学第二定律还可能应用于纳米级实体。举例来说，我们可以将它应用于智能手机中的纳米级电子元件，应用于量子计算机中的量子比特，应用于在人类细胞尺度上运作的天然或人工分子组装器。做功媒介这一定义（它们是所有允许跷跷板转变发生的系统）适用性尤其广泛：它既适用于悬挂于重力场中的砝码，也适用于允许电子位于不同能级的原子，总之，它的适用范围与尺度无关。接下来要做的，就是从拓展后的反事实属性热力学第二定律出发，在传统形式热力学第二定律无法涵盖的领域提出预测。这类研究需要理论物理学家和实验物理学家通力合作，如今已经步入了正轨。如果一切顺利，我们将从中得到具备突破意义的技术产物，它可以利用微观系统的性质实现纳米级热机和组装器。

我正在构建的这幅拼贴画，只差最后一块瓷砖就能完成了。使用我在第3章中描述过的反事实属性，你会发现另一项影响深远的统一：做功媒介就是信息媒介。这是因为跷跷板转变也可以用于区分状态A(0)和A(+)——只要注意到跷跷板转变与第3章中定义的复制转变有多么相似，你就会完全确信这一点。

换句话说，可以执行类功能量转移的系统一定也可以储存信息。这类系统一定包含至少两种可以区分的状态[在我们的例子中是A(0)和A(+)]，充当比特的功能。既然类功能量转移过程中用到的像A(0)和A(+)这样的能量状态是可以区分的，那么它们当然也可以储存信息。这也是它们和与类热能量转移过程相关的能量状态之间的区别——后者并不一定可以互相区分。任何可以执行类功能量转移过程的系统也同样可以储存信息，这一事实将信息理论和热力学理论——计算机和热机——紧密联系在了一起，因而意义重大。

这种统一不仅形式优雅，在实践中也极为有用，就像通用计算机的图灵理论对于发展信息技术（如今维系着人类文明的存续）不可或缺一样。在以反事实属性的形式阐述热力学第二定律的过程中，我们通过做功媒介将信息和热力学联系在了一起，这同时也引导我们想到了另一种奇妙的可能：或许存在一个更具普遍意义的物理学分支，它囊括了信息理论和热力学理论，对那些我们已知和未知的运动定律提出了更为基本、更为普遍的限制性原理。就像信息理论催生了通用计算理论一样，我畅想的这种理论或许也能孕育出某种比通用计算机更一般的机器（科学家称其为“通用构造器”）。最早提出这个概念的是博学的约翰·冯·诺伊曼。通用构造器的指令集合内囊括了物理学允许的所有物理转变——不只是计算，还有各种一般构建过程，包括热力学允许的过程（比如冷却各类系统）、生物学允许的过程（比如自我繁殖和相关的生物学功能），等等。所有这一切，只需要用通用构造器这一部机器就能实现！

我们可以把通用构造器想象成3D打印机的终极版本：植入合适的程序，提供足够的原材料，通用构造器就可以据此构造出物理学定律允许的一切系统。毫无疑问，通用构造器必然只可能在极为遥远的未来实现，但它一旦出现，就必然会产生具有划时代意义的影响——和为如今的信息技术时代铺平道路的通用计算机一样意义重大。构建通用构造器理论的第一步一定是提出一种明确的热力学理论形式，而这就是我在本章中所做的。这是万里长征的第一步，它将打开全新的物理学世界的大门。

迷宫

豪尔赫·路易斯·博尔赫斯在作品《小径分岔的花园》中塑造了一个名叫崔朋的神秘人物。其实，崔朋身上还有一个不那么为人所知但也同样扣人心弦的故事。我是在同肯德尔伯爵聊天时知晓这个故事的。那个时候，这位古怪的学者正在牛津暂住，而我当时也在那里。肯德尔伯爵研究的是从中世纪到当代的欧洲印刷史。作为一位藏书大家，他的肚子里有数不完的有趣故事，这些故事都是从书里收集来的，经他的想象润色后，变得更加精彩。

那个时候，肯德尔伯爵和我定期在大学学院（他逗留牛津期间就在那儿工作）装修华美的公共休息室里碰面。除了星期天之外，他每天都会在下午2点现身，准时得就像他的金色怀表。见面聊天时，他总是会说起关于各种人物、各种环境的神奇故事。

有一天，他向我展示了博德利图书馆刚刚拿到的一本特别精美的博尔赫斯作品《阿莱夫和其他故事》。欣赏完这本书，我俩聊起了博尔赫斯和他笔下的角色。肯德尔伯爵问道："你知道吗？崔朋其实早就在博尔赫斯的另一个故事的原稿中出现了，只是那个故事因为没有发表而不为人知——博尔赫斯去世后，那个故事就消失了。"

我对此一无所知，但肯德尔看上去似乎很想把这个故事告诉我，于是，我便决定继续待在公共休息室里，满足他的愿望。我不知道他讲述的这个故事（也是我接下去要写的）究竟是对事实的忠实描述，还是只是肯德尔伯爵的主观创造，又或者两者兼而有之。不过，无论如何，这确实是个很能体现不可能性的好故事。下面，我就把这个故事讲给你，尽可能地还原出我能想起来的所有细节，方便你记住。

在博尔赫斯笔下，中国学者崔朋决定放弃人世间的所有欢愉，将自己隔绝在家里13年，只为写一本书（主题未定）、构造一座迷宫。在实施计划之前——肯德尔讲述的这个故事就发生在这个时候——崔朋还参加并最终赢得了一项刺激的挑战，这个挑战也涉及一座迷宫。

崔朋经常造访他宅邸附近的几家图书馆——它们只对少数几位杰出学者开放。一天，崔朋碰巧翻阅到了一本与迷宫有关的书。他在里面发现了一张纸条，上面是深红色墨水的手写文字："这是给具有好奇心的人准备的一个奇怪问题。请构造一座单向迷宫，要求其中没有分岔路和汇合路，只有一个入口和一个中心，可以进入，但不可以出去。我认为，这完全有可能做到，现在请你解释背后的原理。”

字条上没有署名。字条所在的那页书上画着一幅单向迷宫的优美插画，那是一座只有一条路径，完全没有分岔的迷宫。

理解字条上的内容后，崔朋很是兴奋。他凝视着字条，因为前几天高强度研究工作、缺少睡眠而产生的疲惫感一扫而光。他毫不犹豫地开动脑筋，准备解决这个挑战——它听上去有些神秘，也很有诱惑力。

之后，崔朋直接回了家，把自己锁在书房里，花了一整天思考纸条上的挑战，并且在笔记本上画草图寻找让进入迷宫者出不去的可能方法。按照字条内容的要求，迷宫只能有一条路，而且还必须是单向的（没有岔路）。理论上，抵达迷宫中心之后，只要沿着来时的路往回走就应该能回到出口。单向迷宫的结构中似乎存在一种内在可逆性。

所以，要怎么保证进入迷宫者会被困在不可逆的迷宫里呢？

傍晚时分，崔朋的疲惫感再次袭来。最终，他趴在书桌上睡着了，并且进入了奇妙的梦境。

在梦里，崔朋知道自己行走在迷宫之内，脚下的路看上去就是一条普普通通的窄巷，但他有一种说不清的感觉（梦里总是这样），这不是普通的小巷。他位于一座迷宫内部。两堵比崔朋高得多的墙把他挤在中间，头顶上方倒是可见太阳光。他突然意识到自己的口袋颇为沉重，像是有什么东西。他摸了摸口袋，发现里面装着10枚圆形硬币——亮闪闪的金属硬币两面都刻画着迷宫的样子，画中的迷宫显得阴森可怖。崔朋虽然困惑不已，但仍继续向前走去。他越走越感到焦虑——一种幽闭恐惧症的感觉压迫在他心头。

没过多久，崔朋遇到了一扇门，挡住了前进的道路，坚实的木质表面让它看上去坚不可摧。门上没有锁孔，也没有把手，就是光秃秃的一块木板。崔朋开始一丝不苟地在整块门面上搜索，希望找到一些缝隙或者别的什么容许他通过的开口。他绝望地看了看头顶上的天空，却发现门右侧的石墙上有一个小孔。崔朋的脑海中灵光一闪，从口袋里掏出了硬币——石墙上的小孔似乎正是为硬币量身定做的。崔朋瞬间希望大增，把一枚硬币插到了孔槽中。门立刻打开了，门后的路似乎就是之前他走的这条路的延伸。崔朋走过去之后，门又立刻在他身后关上了。他犹犹豫豫地继续向前走着，一个刺耳的声音袭来：原本插在石墙孔槽中的硬币掉到了地上，并向他滚来。不过，此时的硬币失去了光泽，黑得像煤炭一般。崔朋不假思索地把它捡了起来，继续向前走。

此后，这个情况又重复了9次，每一次，崔朋都把一枚闪闪发光的硬币插入控制门的孔槽中，然后走过去，最后拿回一枚失去光泽的灰暗硬币。

穿过第10扇门之后不久，崔朋抵达了一处圆形庭院，但遗憾的是，那里是个死胡同，没有出口。发现无路可走的崔朋急匆匆地回到原来的路上，同时摸索着口袋里的硬币，希望从刚刚穿过的第10扇门那儿回去。在他看来，既然来时的路没有分岔，那么现在仍有机会通过走回头路回到起点。没过多久，他之前穿过的第10扇门就重新出现了。此前的经验让崔朋信心满满，他摸索到了左手边石墙上的孔槽，准备插入硬币。他觉得自己完全知道应该怎么做——这也是梦中经常出现的情况。结果，崔朋插入硬币后，什么也没有发生，门依然紧闭。

焦虑的情绪再度出现，甚至比之前更为强烈。崔朋觉得浑身发凉，连肚子最深处都是凉的。他一次又一次地把硬币插入孔槽，心跳不断加快，但仍旧什么都没发生，完全没有逃脱的希望，他被困住了。最后，崔朋在绝望中摔倒在地上，失去了意识。

崔朋醒来的时候仍旧趴在书桌上，清晨的阳光透过厚重窗帘的缝隙照射进来，很是明媚。微小的尘粒不断舞动，同时把光撒向房间里的每个角落。虽然受困的恐惧感还残存于意识中，心跳也仍然剧烈，但崔朋暗自高兴起来。这个梦告诉了他如何解决字条上的那个挑战。实际上，在可逆的单向迷宫中创造出不可逆性并不困难。只需要在路上设置几道门，并规定只有使用某些资源才能打开就可以了。如果参与者受到引诱，不断深入迷宫，希望在另一头找到出口，那只要设置足够多的门，消耗他的资源，就能最终把他困住。在梦里，只有闪闪发亮的硬币才能开门，没有光泽的就不行。一旦用完闪亮的硬币，崔朋就完全没有逃脱的希望了，哪怕迷宫里并没有任何岔路。

据说，正是这段离奇经历激发了崔朋对迷宫的热情，并催生了后续那个《小径分岔的花园》的故事。

这就是肯德尔伯爵讲述的有关崔朋那个故事的大概。正如我之前所说，我并不确定这个故事的真实性，但无论如何，故事中的确出现了一些我们知晓的元素。那次之后，我还和肯德尔聊过很多次，但再也没有回到这个话题上来。后来，他就消失了，连个招呼都没打。牛津大学学院没人知道他究竟去了哪里。他就这么消失了，没有留下任何有关自己去向的蛛丝马迹。我一直在想他究竟发生了什么事，直到一个下着雪的早上，我在信箱里发现了一封信。信上的内容是用深红色墨水手写的，随信附了一本以迷宫为主题的书的珍稀版本。信中还夹了一张便笺，内容简短而亲切，末了署上了肯德尔伯爵的名字。他在信中说，他已经踏上了旅程，他要造访欧洲、中东现存的所有古老迷宫，并且寻找不可逆的单向迷宫。

自那之后，他就再也没有回来过了。

第 7 章

旅程结束，回到起点

……我仍愿驶向大海

我的灵魂永远不会被驯服。

——翁贝托 · 萨巴（Umberto Saba），

《尤利西斯》（*Ulisse*）

我在本书开篇就提出了一个雄心勃勃的目标：通过解释如何以物理系统的反事实属性为基础去理解、思考物理现象，打开认识物理现实的全新视角。现在，是时候回到这段旅程的起点，总结我们这一路收集到哪些对物理现实的全新认识了。

随着本书临近尾声，我们也得像个接近终点的深思熟虑的旅行者一样：回顾这一路上值得注意的事物，并思考它们开辟了哪些新道路，以及它们是否为更深刻知识的诞生打下了基础。

这本书的核心内容是一系列很大程度上被当今科学界忽视的

属性。这种现象应当被纠正，因为它妨碍了我们对物理学基础问题的研究。这也是我写作本书的一大源动力。

我称这些属性为“反事实属性”。只描述物理系统切实出现的状态或者其切实遵循的运动定律，无法明确这种属性。要想认清反事实属性的含义，我们就必须从哪些转变可能或不可能发生的角度描述系统。在前文中我也解释了，在如今基础物理学存在的大多数未解问题中，反事实属性都是核心内容。我还举了几个例子：信息的互通性（第3章和第4章），量子信息的不可克隆性和不可逆性（第4章），知识的恢复力（第5章），能量守恒原理以及类功、类热能量转移过程之间的区别（第6章），做功媒介在热力学中以信息为基础的互通性（第6章）。表7–1总结了我们在本书中探索的重要反事实属性。

表 7–1　基本反事实属性及其与物理世界的联系

现象	反事实属性	物理定律	重要相关实体[①]
信息	可“翻转”性和可“复制”性	信息媒介的互通性	通用计算机 通用构造器
量子信息	不可能复制某些携带信息的态；任何转变都可能逆转	信息媒介的互通性	通用量子计算机 通用构造器
知识（具备恢复力的信息）	促成转变发生的能力以及让自身在各类物理系统中永远留存下去的能力	有待发现	抽象催化剂 通用构造器
功	可能发生“跷跷板”转变；不可能在没有副效应的前提下改变能量（能量守恒）	能量守恒原理 做功媒介的互通性 反事实属性形式的热力学第二定律	与尺度（微观或宏观）无关的热机 通用构造器

① 这些实体可能存在的前提是，第二列的反事实属性要为物理定律所允许。

纵览本书主要内容后，你可能会注意到两个普遍事实，也就是反事实属性展现自身力量的两种主要方式。

第一个事实是，反事实属性将那些表面看起来非物质的抽象概念带入了物理学领域。举例来说，传统上说，信息和知识就只是抽象概念，不属于物质世界。然而，深入思考具备信息和知识的物理系统所具有的反事实属性，就会知道上述观点并不正确：因为物理系统究竟是否具备那些反事实属性，完全由物理学定律决定，那它们当然属于物理学领域。

第二个事实是，接受了反事实属性，我们就可以用明确的定律描述那些传统观点认为只能近似描述的实体，比如信息、能量、热和功。（因为描述这些量的传统定律只适用于宏观尺度。）只要明确了支撑这些实体的反事实属性，就可以在不使用近似的前提下，优雅且简明地用物理学定律阐述体现了上述反事实属性的物理系统。

这就是反事实属性的威力。借助反事实属性，我们可以用明确的基础物理学定律描述那些原本被认为抽象或是近似的概念。

这背后的逻辑适用于本书中讨论的所有实体——也就是说，反事实属性是一种统一特征。首先，我们需要描述出囊括我们希望讨论的实体的物理系统必须具备的反事实属性。举个例子，如果我们想讨论的实体是信息，那么包含信息的物理系统就必须具备可翻转性和可复制性这两种反事实属性。接着，我们就可以用物理学定律的形式阐明具备这两种反事实属性的物理系统所具有的规律——比如，互通性规律。

再举个例子，如果不借助反事实属性，信息“比特”看上去就是纯粹的抽象概念。但现在我们注意到，物理系统（比如开关）要想成为一个信息比特，就必须拥有两种反事实属性：一，它可能处于两种不同物理状态（开和关）中的一种；二，开和关这两种状态可以互相转换，并复制给其他任何自身也具备这两种反事实属性的物理系统。只要物理系统具备了这两种反事实属性，它就能成为信息媒介。

从这个例子中，你就能看到为什么比特并非独立于物质世界的抽象概念：某件事物究竟是否具备上述属性，完全由物理学定律决定。再举一个反面例子：“某个数是不是质数”这个问题，就完全与物理学定律无关。因此，比特具备的反事实属性反映了信息与物理学定律之间的联系。

另外，具备上述反事实属性的系统也必然满足互通性规律。互通性规律解释了为什么反事实属性虽然是物理概念，却不依赖于物理系统的大部分细节：因为互通性意味着那些反事实属性是这类物理系统具备的共同性质。既然这些物理系统同属一类，那么其他细节自然就无关紧要了。

就信息而言，互通性规律意味着，将两个都具有比特性质的系统放到一起，就能得到一种信息媒介，且这种复合系统具备的反事实属性与两个子系统相同（可互换性和可复制性）。无论承载信息比特的系统具体是什么——光子、电子自旋、二进制开关，等等——上述结论都同样成立。这也是为什么信息可以从一个这样的系统复制到另一个。

只要是遵循互通性的物理系统，它的某些细节必然与我们想要讨论的实体无关，且可以剥离。就比特这个例子来说，即便物理系统的状态出现了许多微小变化，它也携带着与原来相同的信息——比如，笔直指向上方或下方的箭矢可以携带信息，如果它稍微偏向左或偏向右一些，携带的信息也不会改变。微小变化前后的系统具有相同属性：无论这种微小变化有没有被复制过去，信息都可以被复制到其他物理系统。除此之外，物理系统的其他所有细节都与可复制性无关。例如，拥有开和关两种状态的开关是一个比特，但具备指向上和指向下两种状态的箭矢也同样是一个比特。至于开关的磨损程度、箭矢的厚度和颜色这样的无关物理细节，均不影响我们讨论的反事实属性，我们完全可以将其放到一边，不去理会。但是，这些反事实属性之所以可以出现，完全是因为物理学定律允许它们出现，因此，它们尽管具备某种抽象性，但总归是物理属性。

我在前文中已经反复解释过，基础物理学的传统构想并不能表达反事实属性。传统构想可以表征任意给定时刻开关的状态——要么是开，要么是关——也可以预测开关在后续某个时间点上处于何种状态，并且解释其中的原因。然而，这类陈述完全没有告诉我们，对于这个开关来说，究竟什么样的转变可能发生，什么样的转变不可能发生。这就是为什么，对于像信息这样的物理现象以及本书中讨论的其他类似实体，要想抓住其本质，就必须转而使用反事实属性及其相关定律。

我一直提倡的这种方法还有另一个统一的方面，我在第2章结尾处就有所暗示。你遇到的所有反事实属性都可以理解为对何种转变可能出现、何种转变不可能出现，以及为什么的陈述。由此，我们还可以大胆猜测，仅仅凭借以反事实属性为基础的原理就能构建出我们目前已知的所有物理学定律，并从中推导出各种运动定律，以及其他近似属性。对这种可能性的探索就是一项激动人心的研究项目的开端。为了发展这个理论，我们就必须以本书中讨论的所有展现出反事实属性的系统为对象，构筑相应物理学定律，并且证明像量子理论和广义相对论这样的动力学定律只是反事实属性原理的推导结果和近似结论。毫无疑问，这是一条崭新的物理学大道，只要我们能严肃对待反事实属性，就完全可能将它开辟出来。探索反事实原理的可能性就是物理学家——以及其他领域的科学家，乃至哲学家——在未来这段时间内的任务。

这类研究项目并不容易。要想在这么多以反事实属性为基础的猜想中选择一些作为基础物理学定律，首先得确保它们可以检验。

如果某个定律能够做出针对物理系统可观测特性的预测，那么我们就称它是可以检验的。我在第2章中提到的，可检验性是科学方法的支柱——如果某个理论做出了可以检验的预测，却与实验结果不符，该理论就被推翻了。我还在第2章中举了一个经典的例子——预测在以特定角度倾斜的斜坡上滚落的给定质量小球的速度。经济学与医学这两门学科的可检验性很成问题，因为在这两门学科中，我们虽然也可以根据理论做出预测，却很难在高度受控的条件下重复实验，以检验预言是否与现实情况相符。物理学在这一点上就很有优势，因为它的许多预测都是可以检验的。

那么，以反事实属性为基础的原理是否可以检验？答案是肯定的，但具体过程与你在第2章中看到的对滚落小球速度的检验有区别。一般来说，检验能量守恒原理等原理的过程是这样的：根据这类原理推导出遵循这类原理的物理系统应当会如何演变，然后再用实验检验推导结果是否正确。原理是定律的定律，即元定律。要想确定某种物理情境适用何种原理，首先应当有至少两种对立理论互相竞争。举个例子，我们可以设想一个遵循能量守恒原理的钟摆模型（以牛顿定律为基础的模型就符合我们的要求），然后再假设一个不符合这个原理的钟摆模型，后者预测，一旦钟摆运动起来，就会自发摆向越来越高的位置。接着，我们用真实的钟摆做实验，检验这两个模型哪个正确，哪个错误。就钟摆这个例子来说，到目前为止的所有实验结果都推翻了那个认为能量可以自发产生的模型。即便钟摆有时的确会越摆越高，那也都是因为附近有系统为钟摆提供能量——例如有机械发动机催生振动，为钟摆提供需要的能量。截至目前，能量守恒原理在其适用范围内经受住了所有检验。

在科学史上，关于某一条原理经受住了检验并且产生了重要结果，有许多著名例子。中微子的发现就是其中之一，它体现了普适原理的威力。在中微子被发现之前，中子衰变成质子和电子的过程似乎违反了能量守恒原理。为了解决这个矛盾，沃尔夫冈·泡利猜想这个过程中必然还有其他产物。随后的实验果然证实了这点：中子衰变的产物中还有第三种粒子，即质量几乎为零的中微子。

检验反事实属性原理的过程如出一辙。举个例子，信息的互通性原理要求，如果我们把两个各自都为信息媒介的系统放到一起，那么这个复合系统也应该是信息媒介。换句话说，该原理预测，一旦我们知晓了两个子系统可能出现何种转变，也就知晓了它们组成的复合系统可能会出现何种转变。检验这个原理的一种方式是设想两个互为竞争对手的模型，这两个模型各自包含特定类型的物理系统中的两个比特。其中一个模型使用的理论预言，互通性原理不成立，因为当把两个子系统合成一个时，无法储存两个信息比特。它还解释了原因：某些将一个比特复制到另一个比特的操作是不可能出现的——就比如我在第3章中举的例子，一个比特由“尘埃”制成，另一个由普通物质制成。只要这两个模型中的一个得到证实，就能推翻或证明信息的互通性原理。所以，反事实属性原理确实是可以检验的，满足了成为基本物理学定律的关键要求。

互通性原理还有一个有趣的应用：借助互通性原理，就能在不清楚物理系统究竟具有何种运动定律的情况下，预言它的后续演变。这也是我在过去几年里一直在研究的内容。在动力学定律的框架下，对两个子系统合并而成的复合系统做预测的唯一方式是：首先知晓两个子系统各自的运动定律，再掌握构建复合系统运动定律的方式。然而，有的时候，我们无法掌握上述所有信息，比如当今物理学界仍旧争论不休的一大问题：引力是否遵循量子理论，如果遵循，又是怎么遵循的？这个问题之所以还没有解决，是因为目前解释引力最好的理论是广义相对论，而广义相对论不涉及信息媒介。于是，我们就失去了适当的工具来描述量子比特和引力发生相互作用情形下的运动。可是，我们仍旧希望对这样一种系统做出明确的、可以检验的预测。还有很多时候，虽然各个子系统的运动定律已知，但研究整个系统所有组成部分的运动情况实在是太过复杂。对复杂分子的研究就属于这种情况。复杂分子由无数粒子组分构成，即便是如今功能最为强大的超级计算机都无法运用运动定律来预测整个分子的行为。面对这两种困境，反事实属性就能派上用场了，因为借助反事实属性，即便不知晓子系统的运动状态，也能对整个系统做出预测。为什么？因为反事实属性与物理系统的大部分细节都无关！你只要知道构成整个系统的所有子系统都具有比特的性质就可以了，无须知道它们各自是怎么运动的，也不用知道它们之间是怎么发生相互作用的。即便不知道构成复合系统的所有子系统的诸多细节，借助信息的互通性，你还是可以对整个复合系统做预测，因为信息的互通性建立在反事实属性，而非动力学定律之上。这个例子充分说明了反事实属性定律大有用处，而且能做出已知动力学定律无法做出的可检验预测。

关于这点，我还想举一个更为贴近如今物理学前沿的例子。目前，量子理论和广义相对论是解释我们所知的宇宙万物的两大最佳理论，无数物理学家想要把这两个理论整合到一起，但困难重重。我要举的这个例子就处在目前这一困境的核心。某些物理系统既遵循引力理论，又遵循量子理论，比如质量与人类细胞相当的粒子。然而，目前并没有统一的动力学理论描述这种既有引力性质又有量子性质的系统。为了实现这个统一的目标，物理学家已经提出了许多巧妙的方案，但到目前为止，还没有哪个脱颖而出。于是，对于既有引力性质又有量子性质的系统，我们完全不知道应该运用哪些运动定律做预测。好在，我们知道，反事实属性的互通性定律适用于这个领域，那么我们就可以用互通性定律对这些系统做预测了。最近，这种基于反事实属性的方法催生了一种检验量子引力效应的方法，并且在量子引力学术圈和实验物理学圈子里激起了广泛兴趣。用实验实现这个想法的竞赛已经开始，并且，如果实验得以实现，那就终于推翻了“引力并非量子”的观点。这就是反事实属性的影响力：它们为深层概念提供了强有力的支撑，同时也为旨在验证这类概念的实验提供了坚实的理论基础。我期待未来有更多基于反事实属性的实验构思出现。

除了能够解决现存物理学问题之外，以反事实属性为基础的方法对其他领域也有深刻且重要的贡献，其中之一就是彻底改变了我们对知识的认识。

我说过，知识就是一类特殊的信息，是具有恢复力（一种反事实属性）的信息——它能让自身在各类物理系统中永远留存下去。我还解释了，我们目前还不知道知识究竟是怎么创造出来的，但我们知道，通过自然选择，知识可以诞生于无知识之物中。此外，还有一种能够创造新知识的过程，那就是我们大脑的思考过程。

科学界还不知道是否有新的定律可以描述知识这种具有恢复力的信息，但有一点可以肯定，要想创建这样的定律，就应该从反事实属性的角度思考知识这个概念。一大原因就是，以反事实属性为基础的方法让知识摆脱了所有带有主观色彩的概念——在传统框架下，正是这些概念阻碍了我们创立有关知识的物理学理论。

此外，通过反事实属性，知识就成了一种物理实在——其本质特征是某类信息具备的恢复力，而恢复力就是一种独立于观测者等有知觉之物存在的客观反事实属性。这一转变影响深远。一些悬而未决的物理学问题（比如找到有关知识及其演化的定律或者规律）在传统框架下被贴上了“心灵学”、“神秘学”，乃至“宗教性”的标签，而在反事实属性框架下，我们无需任何宗教信条或超自然想法，就能确定无疑地将它们置于科学领域之中。这是通过科学方法解决那些问题必须迈出的第一步，而这一步就依赖于反事实属性。

这一转变让科学家和理性主义者卸下了肩膀上的重担。此前，上述问题带来了一个明显的困境：一方面，肯定有一些现象需要解释，比如人工选择，还有个体层面（各个领域的理论新思想的涌现就是个体创造力的一大体现）以及社会层面（文明的进步）创造力的增长。我们深深地为这些现象吸引，并且力争更深入地认识它们。然而，与这种直觉相反的是，科学家谈起人类大脑创造力、知识以及其他具备重要现实意义的相关现象时，总是痛苦不堪。这是因为有一种成见深刻影响着科学界，一如其他类型的成见影响着宗教思想。这种科学成见总是以怀疑的眼光看待知识，觉得它是一种以人类中心的主观概念，且与笛卡儿的“心物”二元论相关——而“心物”二元论是各种错误科学观念的本源，在宗教思想中也同样根深蒂固。结果就是，部分科学家有时对那些与人类思想和知识创造相关的未解问题不怎么感兴趣。科学界甚至有一部分人认为，思考有没有哪些定律可以用于描述知识等概念只是文字游戏，实际毫无意义。有些科学家甚至退守还原论和唯物主义领域，否认知识是一种需要解释的现象。还有些科学家则干脆忽略这个问题，认为它在不科学的方向上走得太远了。

反事实属性提供了一个解决这个问题的方法。如果我们用反事实属性将知识定义为有能力自我延续下去的信息（比如基因中编码有益适应性的信息），将创造性定义为创造新知识的能力，我们就能摆脱所有主观因素，让相关讨论变得客观。当然，用反事实属性给出定义，距离描述这类现象的理论还差得很远，但它至少将知识这个概念锚定在了物理学框架之内，并且提供了一个科学抓手。

这个步骤完成之后，我们还可以有进一步动作。首先，生物圈中的某些系统确实展现出了已知宇宙中其他系统所没有的属性，这种属性就是创造力，即通过思考创造新知识的能力。我们可以把这个事实看作一个物理学问题。人类大脑就具备创造力（其他系统可能也具有创造力——比如某些植物——但它们的创造力充其量只能算是微乎其微，完全无法与人类媲美）。多亏了我们对知识的客观定义，“人类大脑可以创造知识”这样的陈述不会再被指控为人类中心主义。如果现在还有人指控这是人类中心主义，那就等同于认为“洗碗机拥有一些已知宇宙中其他系统所没有的属性”这句话在暗示洗碗机是宇宙中心。很明显，事实并非如此，这句话只是客观地说明，洗碗机可以非常高效（超越已知宇宙中的其他所有系统）地完成某些任务（比如快速除去餐具和厨具上的污垢，并且始终保有这种清洁能力）。与此类似，“人类大脑有能力构建新知识”这个陈述当然也不是人类中心主义。

人类大脑和洗碗机这两个例子最关键的区别在于，我们对知识创造过程中的具体细节了解得远没有洗碗机运作机制清楚。饶是如此，我们仍旧可以通过知识的反事实属性定义，来客观地认识知识创造过程。这是把有关创造性的问题牢牢圈定在科学领域内的第一步，也是必不可少的一步，甚至可以说是有效解决这个问题的第零步。

对知识定义的这种变化，还会带来另一个好处：我们可以将与知识相关的许多其他议题带入科学领域的讨论。还是举几个例子。第一个例子是，宇宙中是否存在其他系统（地球上的其他物种、其他行星上的其他生命形式，或者现在或未来的人工智能）具备与人类大脑相当的创造力？这个例子与理解知识如何诞生这个问题相关，也就是从物理学和信息理论的角度认识思维过程和创造力。从对知识的客观定义出发，我们可以恰当地问出如下问题：如何在计算机中设置这种创造力？创造力是像某些观点认为的那样，必然会随着生命体的死亡而消失，还是说我们可以通过某种纠正手段不断推迟死亡，从而让创造力延续下去？我们必须储存和纠正的究竟又是什么？当肉体死亡临近之时，是否可能将人（或者人的创造力）复制、保存下来，并下载到其他载体上？

上面提到的每个问题都值得我们细细思索，并可能成为无数科研项目的主题。在此，我只想指出一点：无论你怎么看待这些问题，从科学的角度——摒弃认为与知识相关的问题都是人类中心主义的、主观的、非科学的成见——着手解决，总是会容易得多。而反事实属性就为我们提供了一条完全使用科学方法严肃讨论上述所有问题的途径。

从更狭隘的观点（人类这个物种生存的角度）看，这些问题也非常重要，原因很简单。在我们做的这么多事情中，有一些行为持续时间很短暂，比如吃、睡、刷牙、护理身体的各个部件。有一些则具备延续下去的能力，因为这些事情与创造像信息这样的实体有关，这些实体可以在不改变自身主要特征的前提下从一个物理载体转移到另一个上。要想构筑那些可以留存下去的东西，创造力是最主要的工具之一。如果你有兴趣让人类文明的优秀成果流传下去并不断改进，那就很有必要掌握培养创造力的方式——无论是个人层面的创造力，还是社会层面的创造力。正如诗人玛丽·奥利弗所说：

> 我们每个人身上都有一种……第三类自我，
>
> 在有些人身上，它只是偶尔出现；在另一些人身上，它则始终存在。
>
> 这种自我源于对寻常之物的热爱，源于对时间的热爱。它无比热烈地追求着永恒。

我们应当正视这第三类自我，并且力争在每个人身上培养这种自我。这很重要。为了实现这个目标，就必须知道创造力到底是什么——无论它是实在之物，还是某些人认为的那样只是一种幻象。而反事实属性，以及将知识视为具有恢复力的信息这种观点，为科学提供了一个正视创造力、以物理学语言建立知识理论的方法。

现在，这本书已经接近尾声了。在我眼中，你就像是个踏上回家之旅的探险家，港湾的灯光终于出现在了视野之中。在穿越了之前从未有人探索过的水域之后，你来到了这段旅途的终点。

在你合上本书之前，反事实属性这个新视角还为你准备了最后一份礼物，这可能会改变你对旅途结尾的看法。

我就从一段大胆冒险的结局说起吧，毕竟，这也很好地照应了书的结尾。老实说，一段奇妙旅程的结局总是不那么令人愉快。打个比方吧，在探险开始之前，你会有期待感、兴奋感；在探险过程之中，你会有紧张感；可一旦探险结束，即便收获满满，你也会因为失落而忧郁。

有一首不太出名的诗《亚历山德罗斯》就很好地反映了这种心境。这首诗揣测了亚历山大大帝在征服小亚细亚的辉煌军事之旅进入尾声、君临阿拉伯海时的思绪，它的作者是19世纪意大利文学界最有成就的诗人之一乔瓦尼·帕斯科里（Giovanni Pascoli）。

亚历山大是前4世纪的马其顿国王，是古代史（甚至可能是整个人类史）中最有影响力的人物之一。

亚历山大从祖国马其顿出发，先是完成了父王腓力二世征服希腊的愿望，接着又征服了巴尔干半岛的部分地区、埃及，以及整个中东地区，最后抵达印度洋。他只花了不到10年就完成了这个任务，大部分征服行动都是在他20多岁时完成的。踏上征服之旅之前，亚历山大在腓力二世开办的一所私人学校内求学，老师是伟大的古代哲学家亚里士多德。

古代历史学家赋予了亚历山大壮丽而神秘的光环，也记述了他的死亡悲剧。亚历山大在31岁时暴毙，可能是被毒死的——但没有人知道死因究竟是什么。亚历山大短暂而辉煌的一生证明，一个人专注于一个目标时可以多么高效。

不过，和许多人想的不同，帕斯科里认为，亚历山大在征服之旅的尾声阶段很不满意。帕斯科里在诗中使用了数种手法，在亚历山大反思这段征服之旅时唤醒他脑海中挥之不去的记忆和愿景。亚历山大完成了伟大的冒险，知晓了各地的风土人情，赢得了无数场战争。但按照帕斯科里的解读，亚历山大并不满意，因为他觉得再也没有什么可以发现的了。帕斯科里用诗句评论说：“梦想是现实无尽的阴影。”

说得更直白些，这句优雅简洁的评论暗示，亚历山大还不如待在家里想象未来的军事征服之旅，根本不应该把这个想法付诸实践。按照帕斯科里的想法，其中的缘由也很简单：梦境可以无限延续，因为梦境永远不会和现实发生冲突，而军事征服行动一旦展开，就必然有结束的那天。即便取得了胜利，战争的结束也意味着再也没什么可做的，再也没什么可以期盼的了。

然而，所有事情的结尾都是这样吗？并不尽然。结局是消极还是积极，取决于它的反事实属性——这就让我们回到了本书的主旨。如果实践的过程创造了新的知识，那么，对于未来的建设来说，事情的终结就有了积极意义，因为我们在结局时拥有了比开始时更多的可能性（反事实属性）。文学传统为我们提供了一个很好的例子。在这位诗人的叙述中，结束征服之旅的亚历山大回到了起点，也即这是一段“抵达终点后又回到起点”的旅途。这种“循环”之旅有一个专门的文学术语：回归（nostos），英语词来自古希腊语。如果回归旅程是成功的，那么主角就会在结束旅程之后进入令自己满意的新状态。这种情况下，旅程结束的时候是整个故事内涵最丰富、最让人期盼未来的时刻。

最著名的回归故事之一就是奥德修斯的回归，这也应该是人类文学史上第一个广为流传的回归故事——按照典籍中的说法，作者是古希腊诗人荷马（和欧几里得一样，荷马可能并不真实存在，但传统上认为他是真实存在的，那我也这么认为）。

在故事中，伊塔卡（爱奥尼亚海中的一座希腊岛屿）国王奥德修斯在特洛伊战争期间，离开故乡加入希腊军队对抗特洛伊城邦。这场战争持续了大约10年，其间，希腊军队猛烈围攻特洛伊，却始终无法成功。

于是，奥德修斯提出了著名计策“特洛伊木马”。希腊军队将一只巨大的中空木马（里面藏着一支英勇的希腊军队）放在特洛伊城门前，当作礼物，假装放弃围城。希腊方面希望特洛伊人在看到希腊军队消失后，打开城门，将木马拖入城内，作为战利品。特洛伊人果然中计。进入特洛伊城后，藏在木马内的希腊士兵在奥德修斯的带领下趁着夜色爬出木马，为城外的希腊军队打开城门，大败特洛伊人。

战争胜利后，希腊王子们启程返回家乡。这些王子可不是什么圣人，每个人身上都背着几件坏事，其中的几个也因此受到了神的严厉处罚（至少神话中是这么说的）。一小部分希腊王子很快就回到了家乡，但其他王子则在归途中被残忍杀害。奥德修斯的回归最为独特，他虽然最后成功返回家乡，但过程无比漫长、艰辛，好在一路上创造了各种知识。

这就是荷马在经典史诗《奥德赛》中描绘的奥德修斯的回归故事。奥德修斯之所以能流芳百世，很大程度上要归功于他的反事实能力，这让他创造了不少知识。在回归旅程中，奥德修斯遭遇了数重考验，要不是他足够聪慧、意志足够坚定，早已在旅途中迷失自我。和帕斯科里笔下的亚历山大不同，奥德修斯在旅途的终点并没有若有所失，反而收获了许多知识，并且具备了未来使用这些知识的能力。《奥德赛》的结尾比起点更高、更坚实，这对未来发展是必需的——这样的结尾拥有更多可能性，而可能性就是反事实属性的典型特征。相较之下，帕斯科里笔下的亚历山大则失去了进一步梦想的能力。他的创造力——以及征服之旅中收获的知识——也因此失去了作用，因为亚历山大再也没有动力使用它们了。

更一般地说，任何旅途——并不一定终点和起点要完美重合——都可以有成功的回归，它的结局都可以具备积极向上的力量。这就依赖于主人公有没有在旅途中创造出更多知识，同时在归来后仍旧保有这种创造知识的能力。因此，终点也可以是更高的起点，至于能不能做到这点，则取决于回归后的主人公是否仍保有创造力。从这个角度上说，成功的回归不会有终点，它的终点就是又一段冒险之旅的起点。

和这样的回归之旅一样，书也没有真正的终点，因为在读者阅读图书的过程中，已经发生了一些特别的事情：图书与读者之间建立起了一种独特的关系。作家菲利普·普尔曼巧妙地将这种关系成长的空间称为“边境地带”。这种关系完全以反事实属性为基础——读者在阅读书籍的时候会在脑海中创造知识。另外，这种关系也是每个读者独有且私有的。只要在读书的过程中创造了知识，读者就会经历回归：即使读完了书，这个过程中创造的知识也会永远与读者相伴（前提是读者的大脑没有死亡），并随时准备在未来发挥作用。从这个角度上说，这本书也永远不会有终点。

我在写下这些词句的时候，心里就在想着你们，我的读者，你们就像现代版的奥德修斯。你们现在从旅途中归来，接近终点，可以把船停靠在码头上，找一家可以俯瞰海湾景色的旅馆好好休息一番，同时细细回顾一下这一路上的所见所得。

思索着在本书中遇到的所有这些概念，你的脸上或许会扬起一抹微笑。在你面前，仍然有大片无人探索过的水域，它们等待着你再次扬帆起航，创造更多的知识。

愿你在本书中获取的这些知识能让未来的旅途变得更加顺遂。

亚历山德罗斯

守门人正坐在神庙外的椅子上小憩。他看守的是马其顿的国王腓力二世最近在神庙里开办的一所学校。这可不是什么普通的学校：它只对少数一些贵族子弟开放。腓力二世的儿子亚历山大就是这所学校的一名学生。

学校里只有一名老师，他就是亚里士多德。几年前，这位传奇哲人风尘仆仆地从雅典赶到米耶萨，只是应腓力二世的请求。

在这个时间，因为天气过于炎热，村民们都躲在家里不出门。对神庙守门人来说，这是再好不过的偷懒时刻了。他原本想着可以清静个几小时，却看见一个小小的身影冲上神庙台阶。这个男孩全身白衣——那是学校的经典束身外衣。守门人立刻认出他是腓力二世的儿子。

看见是亚历山大，守门人放松下来，继续安静地歇着。亚历山大在非上课时间造访学校可不是什么新鲜事了。这次，他似乎和亚里士多德约好了在下课时间谈谈既定课程之外的事。守门人不知道10岁的孩子怎么会对学习这么有兴趣，但他想到这也可能是国王特地为亚历山大开设的补充课程，毕竟后者将来就是下一任国王。守门人压根儿不会想到，亚历山大和亚里士多德有更好的安排。他们俩的课后会面并不是传统意义上的上课。亚历山大的目的就是单纯地同亚里士多德对话。亚历山大并不怎么喜欢常规的课堂形式，但对话就不一样了，对话更加开放，更能激起兴趣，也更有深远意义。

这天，亚历山大怀着迫切的心情，以他10岁的双腿能达到的最快速度冲上了神庙前面的大理石台阶，他的心脏也飞速跳动，就好像是在跑上山一样——他的心跳比单纯由跑步造成的还要快，因为他无比急切地想要和亚里士多德对话。

守门人再次安坐下来准备午休时，亚历山大已经一溜烟地跑进了神庙。

对亚历山大来说，神庙的内部意味着远离混乱和无序的安全地区。它意味着宁静，意味着他的大脑可以专心致志、满怀热情地思索某个主题。在神庙的内部，一切都是静止的、默然的。

亚里士多德还是在老地方等他。一片由排布整齐的廊柱围成的小花园里，亚里士多德坐在散发着芳香的柠檬树和五颜六色的夹竹桃撒下的树荫中。他椅子旁边的地上躺着一条睡着的大白狗，安静且均匀地呼吸着。

“亲爱的小男孩，你永远不会知道我再次见到你有多么高兴，”亚里士多德强调说，“没有你，这里就只有我和这条狗，它虽然也很友好，但怎么也不可能和我对话。到这儿来，坐下，聊什么都可以。”

亚历山大用舌尖舔了舔嘴唇。向亚里士多德说出自己的想法前，他总是会感到一阵紧张。不过，亚历山大还是把想说的话一股脑儿都说了出来：“我今天想问，您在上课时教我们的这些诗歌、哲学、数学，还有其他所有那些抽象的东西究竟有什么用呢？如果构成我的物质和构成岩石、青草的物质没什么两样，那我为什么还要理解这些没有任何特定物质载体的抽象概念呢？”

亚里士多德深深地看了他许久——10岁的小孩竟然能问出这种问题！亚历山大显然引起了亚里士多德的关注。这位著名哲学家现在在椅子上正襟危坐，像是蜥蜴看着猎物那样全神贯注地看着眼前的男孩。

“这个问题嘛，我也不知道答案！”亚里士多德称，“我亲爱的小男孩，我们现在连世界是什么样的都没搞清楚，更不用说大脑了。我们离理解大脑的小小一角都还差得很远很远。而且，我怀疑，在未来很长一段时间里，我们都是这种状态。”说到这里，亚里士多德暗笑了几声。“无论一个人知道多少，都仍有无穷无尽的知识是他不知道的”这个想法令他感到有些好笑。

接着，他继续说道：“可以肯定的是，大脑有一种独有的特征，可以将自身与抽象事物联系起来。我猜测，大脑也遵循岩石和青草遵循的那些定律——虽然我们现在还不知道那些定律究竟是什么样子，更不明白如何把它们应用到大脑上。”

亚历山大一开始什么话都没有说，因为他还想不到任何可以回应的有用的东西。他的脑海里闪过无数念头，每一个都与亚里士多德刚才说的话相关。最后，他终于说出了其中一个想法，那个最困扰他的想法：

“可是，到底是什么，让我如此痴迷于讨论这些抽象事物？为什么我会如此关注那些看似并不真实的东西——由言语、推理、空想，而非金子、银子或是其他有形物质构成的东西？”

“你想得很深入了，腓力国王的儿子，亚历山大。你未来的人生无可限量。”亚里士多德简洁明了地说道。接着，他沉默了片刻，看向远方，似乎在寻找恰当的词汇。面前这个男孩问的问题很深刻，很难回答。“亚历山大，你痴迷的这些东西，就是我们所说的知识。它的确是一种抽象的东西，但抽象并不意味着‘不真实’。它也是现实的一部分，就如同那里的柱子和这里的狗。你可以看到，知识可以从某个人的大脑转移到另一个人的大脑。我们还可以创造知识，有时甚至还能毁灭知识。只不过，知识是无形的，所以我们才称它是抽象的。这也是我们很难注意到知识并喜欢上它的原因。要想爱上知识，你首先得培养出对思考的热爱。”

亚历山大听入迷了：“创造？我们怎么才能创造知识？”

“你会不会发觉自己有时候会做白日梦，就是东想西想，在脑海里编故事？又或者，你会不会完全沉浸在某个问题之中，以至于忘却了周遭的一切？这种时候，你就进入了纯粹的思考。你在思考的时候，就创造了看待周遭世界、解决问题（提出新解释）的新方法。而我在这所学校里教授的就是激发你们对现实的批评态度，从而让你们尽可能快地想到问题、解决问题。这是新知识创造过程中的关键一步，也是不可或缺的一步。知识就这样从我的老师那儿传递给了我，而他的老师则同样地把这些知识传递给了他。”

“确实，我就很有批判性，”亚历山大马上就想说，“我总是问你很多问题，有些你根本不知道怎么回答！”不过，亚历山大还是把到嘴边的话压了下来，静静地听着。

“你瞧，”亚里士多德说道，“未来总有一天，你的选择会决定你统治下的人民是生还是死，会决定你统治的国家是繁荣还是毁灭，会决定你本人是快乐还是悲伤，等等。而我的任务是让你在那个日子到来之前做好准备。从这个角度上说，我是你忠诚的仆人。”

短短的一番致辞让亚历山大很是高兴。他喜欢掌控一切的感觉，亚里士多德说出那样的话，让他感到自己很重要，肩负着无比重大的责任。亚历山大觉得自己想要全身心地投入史上最佳国王的事业中去。他谨慎地补充说："我还想知道，获取正确知识的最有效途径是什么？怎么确定自己创造出了最棒的知识呢？"

亚里士多德慢慢摇了摇头："很遗憾，根本不可能绝对肯定任何事情，更不用说肯定什么是'正确'的知识了。我们无法保证自己知晓的任何知识是正确的，也无法保证某些知识要比另一些更棒、更重要。但你能问出这些问题很不容易，我也是最近才想到这些深刻结论的。实际上，这些结论推翻了我之前已经发表的作品中的一部分观点。但我会弥补这些缺陷：我希望未来有一天，我能向整个世界解释，万事万物究竟是什么样子。我得想办法实现这个目标，这需要时间。"亚里士多德拍了拍睡在脚边的狗，后者睁开一只眼睛，微微摇了摇尾巴，接着便继续小睡了。亚里士多德没有注意到狗的动作，只是继续边拍它边说："最重要的一点是，你得学会带着批判的眼光看待问题，并且保持开放的思想：这样一来，你就算犯了错误——这是必然会发生的——也可以迅速纠正。你必须学会不满足于停滞不前，学会频繁地寻找待解决的问题，学会质疑一切强加给你的规则或想法，学会找到其中的问题，并加以改善。不断地构思更好的解决方案，你就总能让事情往好的方向发展。不过，万事万物都是暂时的，没有绝对的——而这正是持续取得进步的关键。"

亚历山大喜欢这个观点。他很乐意听到，犯错并没有什么大不了的，关键在于要尽可能快地意识到自己犯了错误。不过，他还是不太明白要怎么把这个目标同知识这个概念联系在一起。于是，亚历山大大胆地提出了一个命题，以检验自己的猜测是否正确：“我明白了。所以，尊敬的亚里士多德，你的意思是，我培养所有这些批判性思考的最佳方式就是训练我的大脑，使它爱上这些抽象的东西，爱上知识以及创造知识的活动？”

“没错。亲爱的孩子，我要说，这世上所有的恶都源自知识的匮乏。因此，如果你想要同恶做斗争，就一定要做好创造知识、不断改善事物的准备。在这个过程中，你难免会犯错，但最重要的是，要尽可能快地意识到错误，并加以纠正。敞开怀抱接纳自己的错误，并且做好迅速改正的准备。”

“您让我想到了一个很棒的主意。”这个男孩突然说道，脸上满是欣喜。

“是什么？”

“我想在远离战争和邪恶的地方建一所巨大的房子，所有人都可以到这儿来阅读各类资料，这样，他们就能学会如何享受知识。这所房子就是书籍的堡垒。我想要从邪恶、疯狂之人的手上救下各种书籍。我想要知识世世代代流传下去。我想要每个人都能获取知识、批判知识，努力寻找前人论述中的错误。这是不是很棒？”

“多么睿智的想法，我亲爱的孩子！你很聪明，也很勤奋。你希望筹建一所房子专门用于保护书。我认为这个地方应该叫作图书馆。你可以用自己的名字命名这座图书馆——就叫它‘亚历山大里亚’。”

男孩再一次露出了灿烂的笑容，他小跳一下，带着胜利的表情拍了拍手。“完美的名字，我完全想不到比这更好的名字了。我要用它命名一座城市。到那个时候，我会亲自指挥建造这座城市以及城市里那座宏伟的图书馆。”

亚里士多德轻轻地笑着：“呵，那可需要不少时间，亚历山大。在这期间，你可能会因为其他任务而分心。不过，我希望你能永远保有这份对知识的热爱。希望你，或者你身边亲近的某个人，可以建造这样一座图书馆。毕竟，如我刚才所说，这世上所有的恶都源于知识的匮乏。”

“如果我们掌握了知识，是不是就不会重复犯同样的错误了？”

“没错。想想吧。掌握了更多知识，我们就会知晓如何治愈疾病、如何提升生活品质、如何提高自身的道德水平。人类可以在各个方面进一步提高。”

“那么死亡呢？死亡肯定是因为自然原因，而非知识的匮乏。我们最后要怎么应对死亡呢？”

“如今看来无可避免的自然死亡原因，或许可以通过将来创造出的某些知识规避。你可以看到，要不是有你现在穿的这件束身外衣，要不是有这座神庙——建造它的目的就是为了让我们能有一个抵御恶劣自然条件（强烈的太阳光、闪电，等等）的庇护所——你就被太阳烤焦了。而束身外衣就来自我们掌握的知识：如何从动物皮毛中获取可以制作衣物的面料。神庙也来自我们掌握的知识：如何把岩石变成建筑的材料。我们或许永远也逃不过太阳光，但可以设法规避它对我们的伤害。放眼未来——或许是几个世纪之后的未来——我认为，到了那个时候，我们也仍旧可以像现在这么快地取得智力上的进步。我完全可以想象，现在看来很难治疗的疾病届时将变得非常容易处理。虽然这听上去很奇怪，但我还是要说，即便是推迟死亡，也只是一个关于有没有掌握更好、更多知识的问题。同样的道理也适用于大脑。早晚有一天，我们会知道大脑的工作原理，知道为什么它在某些方面性质和岩石差不多，却在其他方面大为不同，知道它如何创造知识，同时与其他所有有形之物遵循同样的定律。到那个时候，我们就能全面地回答你的这些问题。或者，如果的确存在某些我们目前不知道的限制的话，届时我们也会知道为什么不可能解释这些问题。而且，我们到时会有更多、更好的新问题。”

亚历山大沉默了片刻，细细思索着亚里士多德刚才说的那番话。这些观点很吸引人，也很反直觉，很难让人无条件接受，但也很难反驳。于是，亚历山大选择了一种折中的评论：“我希望自己能亲眼见证这个过程。”

“我们无法选择活多久，我们能选择的只是在自己拥有的有限时间内去做什么。腓力国王的儿子，亚历山大，希望你能做出明智的选择。”

这样的谈话，亚历山大永远不会生厌，他可以一直听亚里士多德说下去。此刻，亚历山大看向前方，目光不知聚焦在哪里，思绪迷失在无比遥远的未来。突然，他的目光变得清醒而又睿智。

“好的，亚里士多德先生，”亚历山大终于直视这位著名哲学家的眼睛，一脸严肃地说道，“我会努力让自己的故事值得传颂，充分利用我有限的时间。”

“你会的。”亚里士多德小声回应。

这位哲学家看上去已经有些累了，亚历山大知道是时候结束对话了。他快速说道：“那我就先回去了。我还会想出更多问题，然后再回来请教您。”

亚里士多德温柔而慈祥地看着面前这个男孩：“好。你随时都可以来找我，尤其是想到今天这类问题的时候，对我来说，它们也是很好的启示。刚才我也聊到，我正准备以这些有关知识的洞见为基础，彻底重写我那些关于诗歌、道德和美学的作品。我希望能有时间做这事，很快我就会开始。和你对话很好地帮我梳理了思绪。”

这番褒奖令亚历山大受宠若惊。“那很好，我保证还会问出更多有意思的问题。”

“哦，还有一点，”亚里士多德说，“我想把这个给你。”说着，亚里士多德神神秘秘地就从束身外衣里掏出了一个巨大的卷轴，并递给了亚历山大。

“这是什么？”男孩惊喜地问道，他双手捧着卷轴，就像是捧着神谕一样。

“这是荷马的《伊利亚特》，我在上面做了注释，”亚里士多德微笑着说，“这是最好的史诗作品之一，讲述了知识、战争、爱以及一切像你这样未来将要成为国王的人需要知道的事情。拿着它，亚历山大，它现在是你的了。”

片刻之后，神庙守门人再次看向远方地平线上的山丘——现在它沐浴在夕阳的光辉下——并且再次注意到了腓力国王的儿子，亚历山大。这一次，他小跑着走下神庙台阶。在夕阳的照耀下，这个男孩的身影看上去高大又庄严，这是高贵的伟人该有的样子。

致谢

我很幸运，能和许多睿智的朋友与合作者反复深入讨论本书中提到的几个观点，这才有了这部作品。在此，我要一一向他们表示感谢。首先是戴维·多伊奇，我同他合作研究了有关物理学基础的几个课题——特别是构造器理论以及相关理念。其次是弗拉特科·韦德拉尔，他总是能带着批判的眼光看待我的文字并给出最有建设性的意见，此外，他还绘制了本书中的插图，它们很贴合文意。接着是彼得·阿特金斯、西蒙·本杰明、哈维·布朗、基思·伯内特、保罗·戴维斯、杰里·德拉罗卡·德坎达尔、阿图尔·埃克特、安杰利娜·弗兰克、卡尔·格特、弗兰切斯卡·洛里亚、菲利普·普尔曼、保罗·雷蒙–罗比肖、阿尼塞·蒂博·维达尔、玛丽亚·维奥拉里斯、萨拉·伊马里·沃克以及阿尔伯特·温格。我尤其要感谢阿尔伯特、戴维、彼得和弗拉特科，他们对本书的前几稿提出了尖锐但很有建设性的批评。我同样感激罗恩·科普、劳拉·斯蒂克尼和保罗·斯洛瓦克，他们极富远见的建议在很多必要的方面提升了本书的质量。还要感谢约翰·布罗克曼和马克斯·布罗克曼，他俩在本书的筹划阶段就提供了大力支持。

范围再扩展一下，我还要感谢求学阶段遇上的优秀老师，是他们激发了我对物理学、文学、数学和哲学的热爱，把我的求学生涯变成了一场奇妙的冒险。这些老师包括：内拉·科尼奥、卢恰娜·阿尔梅利尼、阿黛尔·斯卡蒂纳、埃尔西利亚·卡斯泰尔诺沃、安娜·玛丽亚·德兰纳、玛丽亚·保莱蒂、路易塞拉·卡伊雷、保罗·蒂利和乔瓦尼·蒙内加多。

另外，我还想感谢我的导师——戴维·多伊奇、阿图尔·埃克特和马里奥·拉塞蒂——他们带领我发现了新知识，也向我灌输了这样的立场：追寻科学发现的基础是自由、责任和脑力刺激的结合，缺一不可。（这也是本书想要宣扬的科学态度。）

当然还要谢谢我的母亲皮耶拉，她在我撰写本书的过程中不断地勉励我。孩提时代的我也正是在她的引导下产生了对语言（以及其他许多有意思的事）的兴趣。

弗拉特科始终陪伴着我。我俩总是有说不完的话，这让生活变得更加有趣、更加充满爱意。我由衷地感谢他。

纪念我的父亲

如果我的父亲还在世，他一定会喜欢这本书的。而且，他一定会像以前那样温和却又尖锐地与我讨论那些颇有争议的观点。我俩以前经常会一起散步，不停地走啊走，什么事情都谈。正是在这种似乎永远不会结束的散步途中，本书中的几个主题在我的脑海中萌生。本书的字里行间都展示了他对科学的无尽热忱、对知识的渴望以及对故事的喜爱。父亲是一位想象力大师。这是从哪儿来的？它为什么出现在这里？它又要到哪里去？他的奇思妙想给我的童年注入了无数快乐。我希望读者也能在本书中的几篇短故事中感受到这种快乐。当然，还有他对待生活的豁达态度。他从来不会认真考虑自己的得失，却会认真对待科学、对待知识、对待挚爱的家人以及优秀的家族传统（这也是一种知识）。用文字记录下父亲的这些事，是我纪念他的独特方式。既然父亲不可能复生，这或许就是我可能做到的最好的纪念方式了。